新未来

————想象，比知识更重要

幻象文库

时间旅行简史

THE HISTORY AND SCIENCE OF TIME TRAVEL

从科幻小说到量子物理

〔墨〕
何塞·安东尼奥·德拉佩纳 —— 著
冯景 —— 译

新星出版社 NEW STAR PRESS

科学的全部意义在于其大部分是不确定的。这就是为什么科学如此令人兴奋——因为未知。科学是关于那些我们不理解的东西。公众会以为科学仅仅是一堆事实的组合，其实不然。科学是一个发现的过程，而且总是片面的。在探寻中，我们会发现一些已知的事情，也会发现一些我们本以为理解但其实不懂的东西，这就是科学取得进步的方式。

——弗里曼·戴森

生命的美妙正在于其不确定性，在于那些我们并不确知、只能隐约看见并试图理解的事物。我们努力去弄懂爱、弄懂科学。但即使是那些最简单的小事——比如我们今天想要干什么或者昨天发生了什么——也会脱离我们的掌控，使让我们感到失望或者惊讶。即便如此，我们也必须并立刻做出反应。重新来过的机会少之又少。

——JAP.

我坐在火炉旁思考
我看到的一切
思考那夏天的
草甸花和蝴蝶

思考那秋天的
黄叶和蛛丝
还有缠绕在我头发上的
晨雾和银色的阳光

我坐在火炉旁思考
那未来的世界
当冬天的降临不再意味着春天的到来
该是一幅怎样的光景

还有太多太多的事情
我从未曾见过
在每年春天
每棵树木都会绽放出新绿

我坐在火炉旁思考

早已远去的古人

而后世的来者又将看到多少

我不曾见过的新奇

但我还是一直坐着思考

甚至曾经有几次

我真的听见门口

传来归家人的脚步声

J.R.R. 托尔金

目录

前 言

谁不曾梦想过时间旅行呢？这是一个半幻想、半科幻的奇妙想法。让我们想象一下：我们理想中的时间旅行是什么样的？是坐着 H.G. 威尔斯的时光机穿梭时空，还是被传送到某个时间点呢？实际上，有很多既便宜又实际的方法来实现时间旅行，而且我们竟然一直都在这样做！

一方面，人类一直在计划未来、在思想上进行着时间旅行。这种行为不仅决定着我们个人的明天，也决定了我们作为物种的未来。例如，当我们去觅食的时候（对于现代社会的人类而言，可能是在超市购物时），我们会发现自己其实在狩猎（或购买食品）之前就对此进行了思考。正是这样富有智慧的思考使我们免于成为其他动物的盘中餐（相比之下，去超市购物还是更加安全的，虽然并非在世界各地都是如此）。

另一方面，人类的精华——我们赖以繁殖的、构成人体一部分的基因，也从未停止过在历史的长河中涌动。

从未停止！

在本书中，我们将以严肃的态度、科学的精神和些许的幽默感来解释上述这些问题。“科学地解决问题”或许是个奢求，但本书中肯定会涵盖数学、物理学、生物学、心理学及其他科学知识。

如果你觉得暂时难以理解的话，完全可以先把这部分跳过去。在同一章的稍后部分，我们将谈到科幻小说、文学和电影（该部分专业性较强，具体内容可以在本书的两个附录中找到）。在阅读本书的过程中，读者也会发现一些文学、历史内容以及科学家的奇闻逸事，甚至还有一些影评（考虑到不能在本书中无穷尽地举例，并且读者也可以在互联网上找到相关资料，我只挑选了一些自己最喜欢的电影）。事实上，在与时间旅行相关的话题上，文学与电影领域一直走在科学的前面（虽然有可能是以骑马这样的方式来实现时间旅行，毕竟当时的人们很难想象未来的科学设备）。

对于我们而言，理解实现时间旅行的可能性或不可能性则有助于我们理解时空的本质。

时间旅行真的可以实现吗？如果可以的话，为什么在时间旅行中穿越到未来的可能性要大于回到过去？时间旅行是否真的像电影《回到未来》中那样？这些问题和许多其他主题构成了这本书的主体：一点科学内容、一点文学内容、一点电影内容，以及根据读者反映——过多的数学内容。或许本书中数学内容确实不少，但数学永远不会“过多”！所有科学都建立在数学模型之上，而本书中所举的例子只不过是很小的一部分罢了。正如著名数学史学家埃里克·坦普尔·贝尔所说，大自然中有许多奇事，而其中最奇妙的一件事也许就是与类人猿极其相似的人类竟然能够理解数学的奇迹。

正如我们所知道的那样，时间将一切带来，也将一切带走。如果我们错过了某个时刻，它就不会回来了——又或者它可以回来吗？这一点我们无法确定，但也许这本书能让我们加深理解，同时微笑着享受理解的过程。我们正在隐约探索一些自然法则的知识，而了解时间旅行的界限则有助于加深我们对这些法则的理解。正如法师甘道夫所说：“我们唯一需要做的决定，就是如何利用分配给我们的时间。”

最后，我将把麦克风递给一位经典大师：豪尔赫·路易斯·博尔赫斯，来为这本书的导语做一个总结（引自其作品《对时间的新反驳》）。

> 然而，然而……否认时间顺序、否认我、否认天文宇宙，是显而易见的绝望举措，也是一种隐秘的安慰。我们的命运（不同于斯维登堡的地狱或西藏神话中的地狱）并不因为其不真实而可怕。它的恐怖之处在于它是不可挽回的、是铁铸的。时间造就了我，时间又是一条将我的生命卷走的河

流，但我本身就是河流；它是一只撕裂我的老虎，但我本身就是老虎；它是一把吞噬我的火，但我本身就是火。不幸的是，这个世界是真实的；不幸的是，我是博尔赫斯。

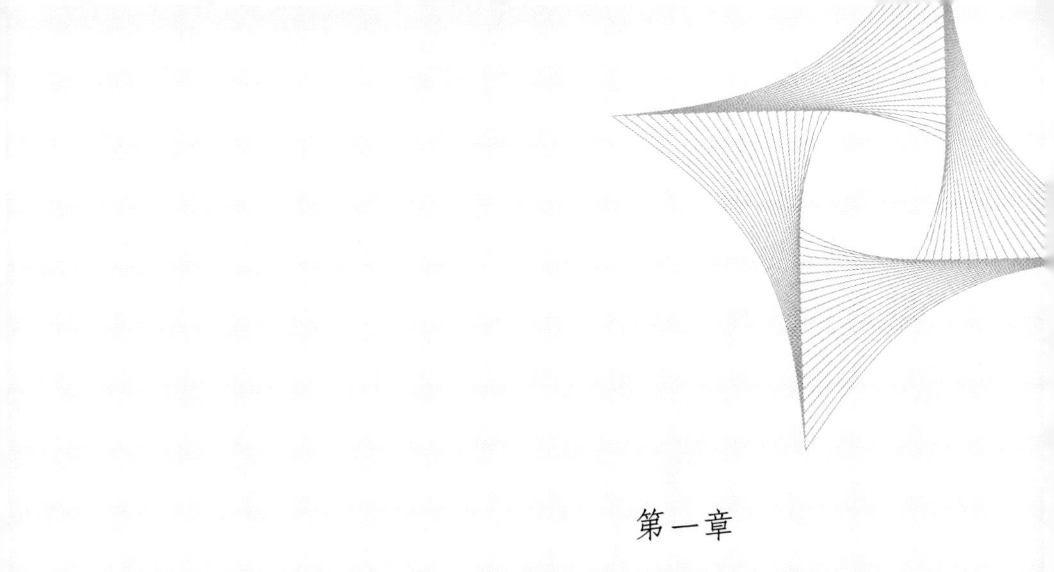

第一章

太空：太空简史

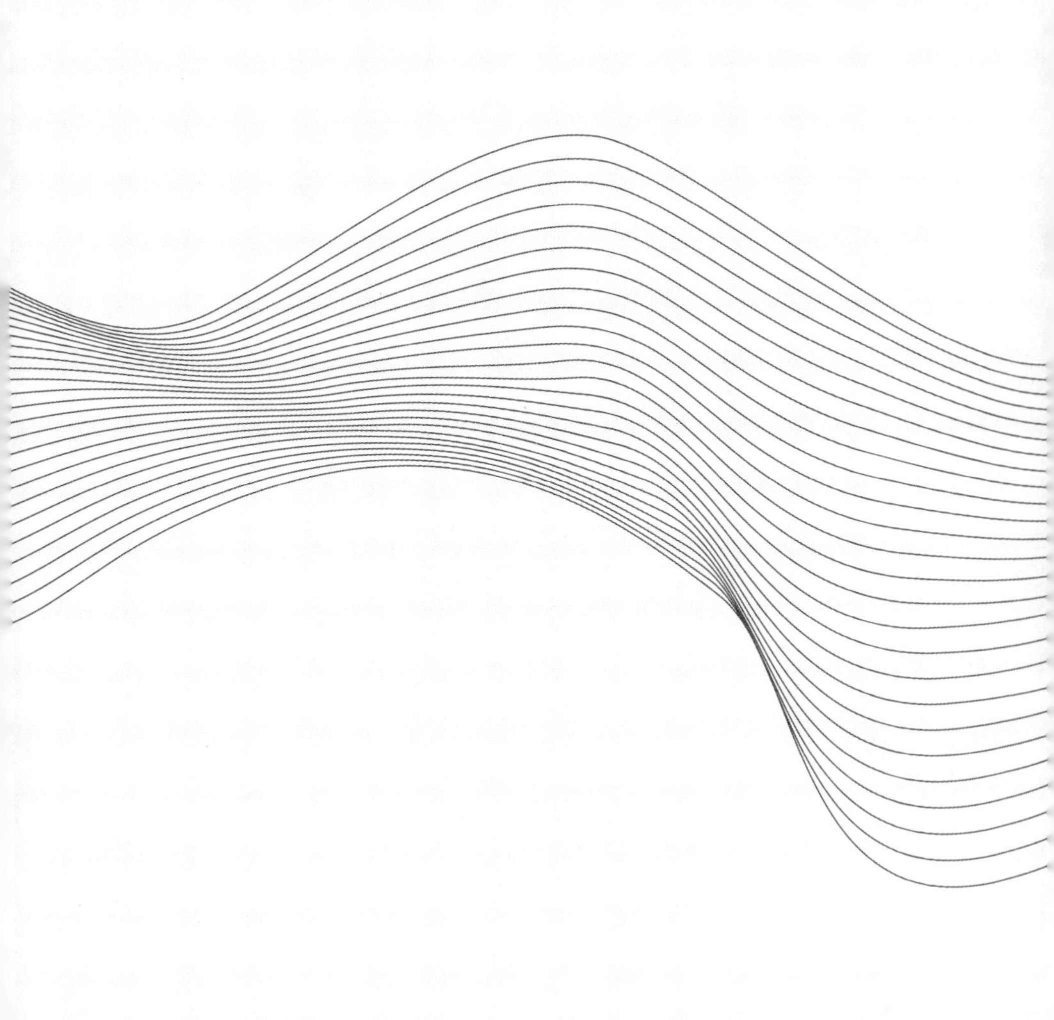

自有历史记录以来，人类便一直陶醉于天空中闪烁的光芒，对那些好像坐落在他们头顶的苍穹之上的星星心生疑问。这正是人类面对造物的伟大所发出的惊叹之一，是神话、宗教和科学的来源。不同于几百年前才真正成为科学的地质学或生物学，我们现在所谈论的关于太空的研究——一种对远处在人类生存环境之外的世界的研究——竟奇妙地成为人类历史上的第一门科学。

毫无疑问，人类自天体观测开始以来，主要面临着以下几个问题：宇宙是有限的还是无限的？宇宙有边界吗？如果有边界，那么边界之外又是什么？宇宙的起源存在吗？如果不存在，那么人类在这时间和空间均为无限的宇宙中又有怎样的存在意义？纵观历史，由于受到科学观测、态度，尤其是时下盛行的宗教学说的影响，人们对于这些问题所给出的答案各不相同。从诸多方面来看，这些疑问仍是未解之谜。

对于古巴比伦人而言，宇宙是一个周围都是水、由巨大的穹顶所支撑着的闭合的牡蛎。对古印度教徒来说，平坦的大地则是坐落在龟壳上的。然而，并不只是古人这样认为。斯蒂芬·霍金所著的《时间简史》一书的开头讲述了一位科学家的故事。这位科学家在20世纪发表了一次关于宇宙的演讲，主题是解释在银河系——许多已知星系其中之一——的末端，地球是如何绕太阳旋转的。演讲结束时，一位年长的女士要求发言，她说："您所说的都是一些胡言乱语。其实，世界不过是一片搭建在巨大龟壳上的平地。"于是科学家问道："那又是什么支撑着这只乌龟呢？""您非常聪明，"女士回答道，"非常聪明。不过，乌龟是一只叠着另一只的！"

公元前6世纪前后，古希腊人将天文学变成了一门科学。事实上，希腊哲学家是第一批对自然进行观测并将他们的想法与系统观察的结果进行对比的人。阿那克希曼德（公元前610—前546年）认为天体呈同心球层式运转，而地球则是处在这个运转体系的中心。为了解释观测到的行星运动的复杂情况，人们在这个系统中添加了越来越多的天体同心球层，直到亚里士多德（公元前384—前322年）提出了一个包含56个同心球层的系统，即所谓"神域"，来解释天体运动。

古希腊人对"视差"的概念十分熟悉，也就是说，如果地球在不停移动，在一年中的不同时间里，我们在地球上观测到的天体的运动会根据时间而发生变化。而恒星的视差现象太过不明显，以至于无法测量，于是我们得到了两个可能的结论：要么恒星离地球太过遥远，要么地球是静止地处在宇宙的中心。对于古希腊人来说，想象这种极端遥远的距离过于困难。因此，他们得出结论认为第二个假设是正确的——地球是静止的。

但古希腊人的研究也并非一无是处：他们第一次发现了地球是圆的。亚里士多德至少引证了三个不同的例子来论证这一点：月球日食中的地球阴影、向北航行时的北极星的明显运动，以及对正在登陆的船只的观察。大约公元前 240 年，伊拉托恩计算了地球的周长。希帕克运用自己推导出的三角学，测量了地球与月球的距离：大约是地球直径的 30 倍。

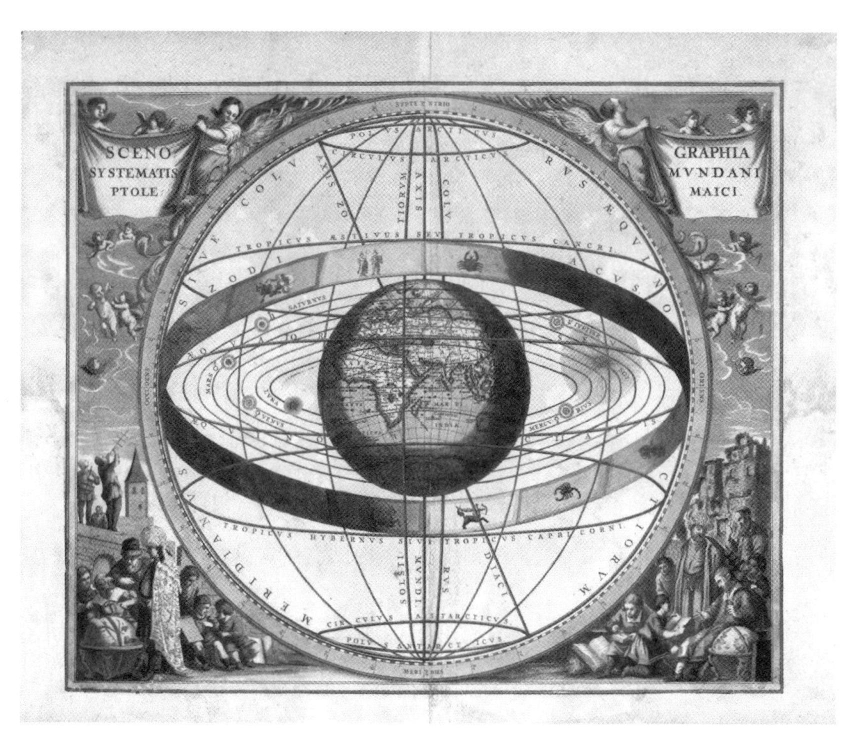

图 1　托勒密宇宙学的图景（1660 年）

古希腊人的研究成果体现在克劳迪奥·托勒密（公元2世纪）的《天文学大成》中。该书从希腊文被译成阿拉伯文，后来又被译成拉丁文，其影响一直延续到了16世纪。《天文学大成》中的宇宙概念很简单：地球处在宇宙中心，其外面有一个巨大的穹顶，穹顶上坐落着一颗颗恒星。这些想法与天主教会的教条相符，对科学进步却有着毁灭性的影响。

这些教条在几个世纪后才被打破，而迈出这重要的一步的是一位教士和一个异教徒。这位波兰教士正是哥白尼（1473—1543）。尽管他的科学研究在当时产生了革命性的影响，但他本人却逐渐隐退，从未试图使他的思想彻底改变世界。

哥白尼在其著作《天体运行论》中提出了一个设想：宇宙以太阳为中心，而地球和其他行星则围绕着太阳旋转。因此他指出，“与地球相比，天空是巨大的”。然而当时，他还不敢提出宇宙是无限的。在哥白尼去世前不久，他的思想被发表了出来，但是这些思想在当时几乎无人问津[①]，直到16世纪末才被布鲁诺和开普勒重新采纳。

在乔尔丹诺·布鲁诺（1548—1600）的所有著作中，最著名的是1584年出版的《论无限、宇宙与众世界》，其内容以四人对话的形式呈现，而其中布鲁诺本人的角色则是一位哲学家。书的

①哥白尼作品的出版商——路德教会大臣安德烈亚斯·奥山黛尔，为其作品撰写了一篇前言，并声称该前言是由哥白尼本人所写。他在前言中否认了书中的所有内容。病弱的哥白尼不得不同意将这段前言纳入他的作品。直到1609年，开普勒发现了一张写着这段前言真实作者的字条，人们才得知了事实的真相。

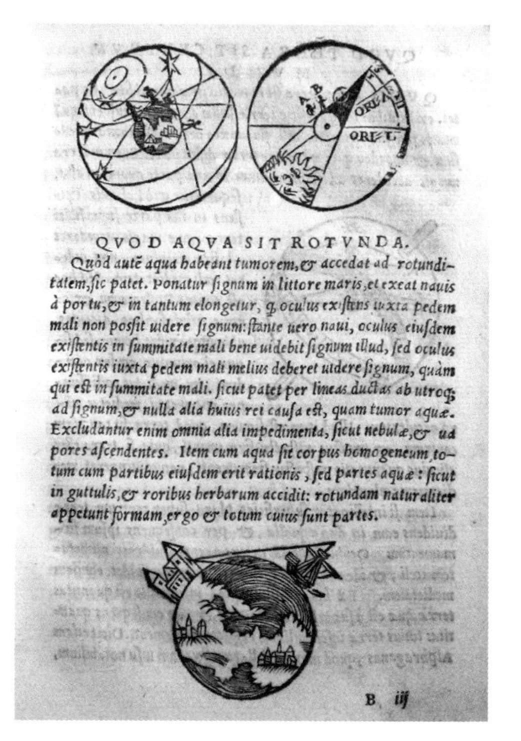

QVOD AQVA SIT ROTVNDA.

Quòd autẽ aqua habeant tumorem, & accedat ad rotunditatem, ſic patet. Ponatur ſignum in littore maris, et exeat nauis à portu, & in tantum elongetur, ꝙ oculus exiſtens iuxta pedem mali non poſſit uidere ſignum: ſtante uero naui, oculus eiuſdem exiſtentis in ſummitate mali bene uidebit ſignum illud, ſed oculus exiſtentis iuxta pedem mali melius deberet uidere ſignum, quàm qui eſt in ſummitate mali. ſicut patet per lineas ductas ab utroq; ad ſignum, & nulla alia huius rei cauſa eſt, quam tumor aquæ. Excludantur enim omnia alia impedimenta, ſicut nebulæ, & uapores aſcendentes. Item cum aqua ſit corpus homogeneum, totum cum partibus eiuſdem erit rationis, ſed partes aquæ: ſicut in guttulis, & roribus herbarum accidit: rotundam naturaliter appetunt formam, ergo & totum cuius ſunt partes.

B iij

图2 1230年前后，约翰尼斯·德·赛科诺伯斯克出版了一本天文书籍，名为《天球论》。该书在很大程度上受到托勒密《天文学大成》一书的启发，并加入了近几个世纪以来的天文学思想。图片左上方所展示的是恒星的周日运动。

开篇即是埃尔皮诺提出的问题：“宇宙怎么可能是无限的？”而哲学家则回答道：“宇宙怎么可能是有限的呢？”

对此，哲学家提出了一系列深刻的见解，例如：“我们说太空是无限的，因为没有任何原因、经验或证据表明它存在边界。在太空里，有无数个和我们的世界一样的世界，”或者，“对于一个无限大的物体来说，它既没有中心，也没有边界……因此地球或者任何其他天体都不处在宇宙的中心。”然而众所周知，布鲁诺因最终被判定为“异端”而被烧死了。

在布鲁诺去世后不到十年，伽利略使用世界上第一台望远镜进行观测并发现了木星的卫星。这个观测结果首次证明了由哥白尼创立并被布鲁诺捍卫的地动说的一致性。然而，伽利略和开普勒都不接受无限宇宙的概念。用开普勒的话来说："在无限中散步对任何人都没有好处。"而在伽利略去世一年后出生的牛顿，则在这个问题上给世界带来了一些全新的见解。

伊萨克·牛顿（1642—1727）的著作《自然哲学的数学原理》是有史以来最具有影响力的科学著作之一。它整合了关于地球上各类现象的力学和天体力学原理，并通过数学模型表达出了这些原理。利用牛顿开发的工具，之后几代的天文学家和数学家们得以对新发现的行星和彗星的轨道进行计算，从而扩大人类已知的太阳系和宇宙的规模。也正因如此，贝塞尔在1838年测量了天鹅座61的视差（这种技术在古希腊时期就存在，但当时还没有如此高精度的测量仪器）并估算出它离地球的距离约为11光年，即超过1亿千米。对于人类而言，天空变得更广阔了。

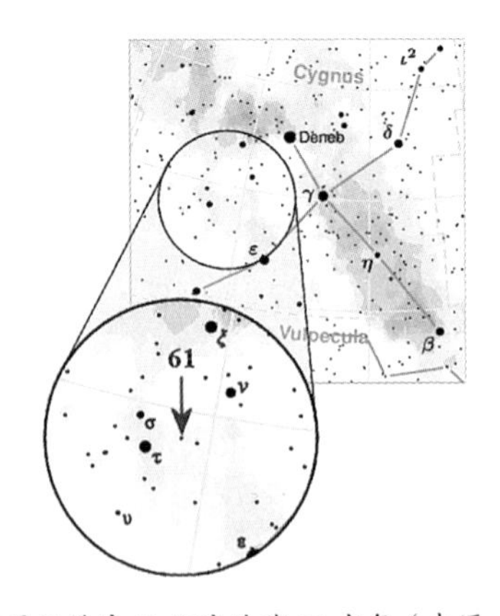

图3　恒星天鹅座61距离地球11光年（来源：RJHall）

这是人类第一次以科学的角度去考虑太空的无限性。1826年，亨利·奥伯斯发表了一篇题为《为什么夜晚的天空是黑暗的》的文章，这篇文章在当时几乎无人注意。奥伯斯认为，无限空间的假设是自相矛盾的：在一个无限的宇宙中，应该均匀分布着无限的恒星。尽管光的强度随着距离的增加而呈几何级下降，但这些光芒也应足以在夜晚照亮整个地球。为了解释这一悖论，奥尔斯提出了一个理论：恒星之间的空间中可能充满了吸收光的暗物质。尽管他所预测的发现要在很多年后才能问世，但对这些问题的充分解释则取决于其某些前提的有效性：宇宙的同质性和异位性。

我们的宇宙是什么形状的?

对于我们而言，理解世界的形状的确是非常困难的——无论是地球还是更广阔一些的整个宇宙——这是由于我们身在其中。总体来说，我们需要迈出这个世界，然后才能观察它。这正是希腊人在证明地球是一个球体时所面临的最大困难。实际上，这个问题在人类可以从太空中拍下地球的图像实现之前从未得到真正的解决。而现在，物理学家在描述宇宙时仍然被这个问题困扰。为了更好地理解它，我们先探讨一种更简单的情况，以一个平面世界的居民所面临的问题为例。

“平面国”[①] 的居民不像我们一般所看到的人，他们看起来更像是影子。我们把他们称为“平面人”。平面人看起来就像影

①《平面国》（本文选用 1952 年多佛出版社再版的版本），埃德温 · A. 艾勃特作品，于 1884 年在英国首次出版，以平面国居民 A. 正方形（A.Square）作为第一人称叙述，采取自传的形式写就。这本书的第一部分主要是约翰 · 斯威夫特式的社会讽刺，第二部分讲述了正方形去往其他国家的探险经历：点国、方形国和空间国（也就是我们所生活的三维空间）。在平面国中，居民都是多边形，边数越多意味着社会地位越高；而女性则都是直线段（出于典型的 19 世纪大男子主义）。

图 4　20 世纪 60 年代，美国天文学家爱德华·哈里森弄懂并解决了奥伯斯的悖论。哈里森解释说，夜晚的天空非常黑暗是因为恒星距离我们太过遥远，我们无法看见它们的光。由于光传播到地球需要一段时间，所以我们望向天空时看到的其实是宇宙过去的样子。我们从地球发出的视线并不能真正落到恒星上，因为恒星离地球距离太远，而奥伯斯的悖论中所提到的恒星发出的光还没有传播到地球上。

子一样，但他们并不是影子，因为两个平面人是不能重叠在一起的。在平面国，把狗锁起来是一件很简单的事：只要在狗周围画个圈就行了。狗无法穿过圆圈，只得被关在里面。平面人的房子和我们的也不一样，他们的房子更像是一个有一扇小门的框。

平面人也同样研究几何学，研究直线和平面图形，比如三角形、方形和多边形。他们也能计算图形的周长和面积，和我们在三维空间世界里所做的并无二致。但平面国中不存在立方体或球

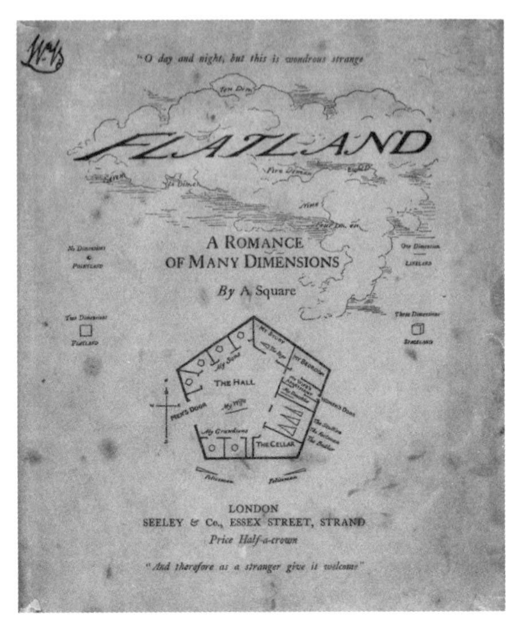

图 5 《平面国》的初版封面

体，因为有体积的物体无法存在于二维空间。所以在平面国里研究球体十分困难，因为球体不存在于这个二维国度。于是，平面国的一位数学家向一个地球人提出了请求，向他展示一下球体究竟是什么。

地球人拿出了一个球体，放在了平面国的土地上。这一刻，平面人数学家看到世界中出现了一个点。于是地球人继续把球向前推，球体逐渐穿过了平面国。数学家被眼前的景象惊呆了：在他眼前，出现了一个逐渐变大的圆。圆的面积不断扩大，直到平分球面圆穿过平面国，然后面积又开始逐步缩小。在球体完全穿出平面国的瞬间，数学家只看到了一个点，之后就什么也看不到了。

对于一个平面人而言，他又能以什么其他方式来“看到”三维的物体呢？我们以一个三维立方体为例：虽然在平面国里看不到一个完整的立方体，但我们可以将立方体拆开放到二维空间中，变成一个由六个正方形组成的十字架图形。虽然在平面国里无法用这个十字架图形来重建立方体，但在三维空间里要做到这一点是很轻松的。在重构立方体时，一个平面人能看到的景象如下：从原来的立方体中拆出的图形消失了，只留下了其中一个正方形。而这个正方形则标明了立方体在二维空间中所处的位置。

同样，生活在三维世界中的我们也无法真的看到四维的超立方体，但我们可以通过它在三维空间的“样子”来理解它。超立方体在三维空间的呈像即是立方体。这些立方体呈三维十字架状排列，被称为“四维超正方体”。虽然我们无法明白这些立方体如何能组成一个超立方体，但是对于一个四维空间的居民来说，这是一件不费吹灰之力的事情。一些抽象派画家试图以四维的角度来观察现实（比如人的面孔），即同时观察所有先后时间。其中一个著名的例子便是马塞尔·杜尚的作品《下楼梯的裸女》（和跟随她的残影）。

对于一个平面人而言，让他确信三维空间存在的唯一方式便是脱离平面国，并在三维空间中亲眼观察二维空间。而当一个平面人离开平面国时会发生什么呢？假设平面人的心脏和我们三维空间的人类一样也在左侧。有一天，一位地球人将平面人带进了三维空间，之后又把他放回了平面国。但这位地球人在摆放的时候出了一点小错误，弄反了方向，导致平面人的心脏变成在右侧，成了平面国里的怪人。

平面人的经历会发生在我们身上吗？是否可能有四维空间的生物把我们带离三维世界，并向我们展示超现实？在1900年前后唯心主义运动盛行的时候，很多人都认为这是有可能的。他们认为鬼魂是四维生物，可以随意出现和消失，并且能看到世界上的一切（还有其他很多有趣的特性）。事实上，著名天文学家左尔纳写了一本名为《超验物理》的书，书中描述了一系列召唤灵魂的逸事。左尔纳对斯莱德——一位魔术师和灵媒——的辩护是众所周知的，尽管该人被英国王室指控欺诈。斯莱德声称他可以

图6 展示四维空间构成的主要图形之一，解释了四维空间是由八个六面体所组成的四臂十字构成。萨尔瓦多·达利在其著名画作《耶稣受难图》中也使用了四维超正方体，这幅作品现陈列于纽约大都会博物馆。

图 7 《下楼梯的裸女》，马塞尔·杜尚。1913 年，这幅画作在纽约的展出产生了令人意想不到的效果。如果立体派在当时能够被广泛接受的话，那么就绝对无法容忍有人用瓶子、杯子或火柴盒之类的小东西来亵渎人体结构的圣殿，尤其是圣殿最为重要的部分：裸体。在美国这样一个过分正经的、强调高尚道德的社会中，博物馆和艺术展览是唯一被允许观看裸体的场所。所以，为何杜尚要画这样一幅无法辨认的、从视觉上看起来非常可怕的裸体图呢？在展览结束五天之后，这幅作品在报纸上出现了，用来反映纽约人涌下地铁楼梯时的骚乱场景。

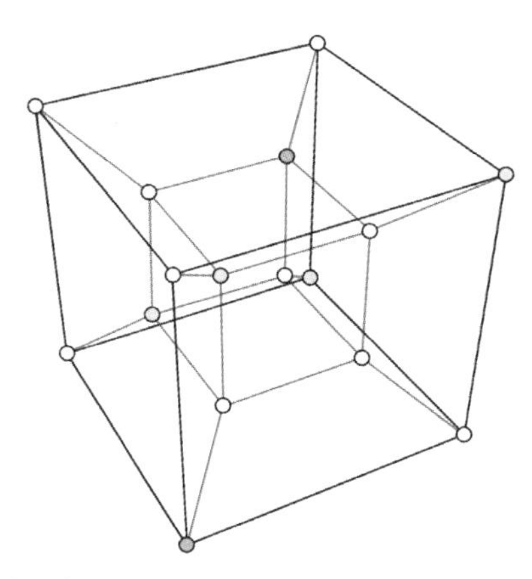

图 8 三维空间中的超立方体（实际上这只是一张二维的图画）

将“这个世界”的物体送到四维空间来改变物体的本质，比如，将右旋的蜗牛壳变成左旋的，或者不打开盖子就从封闭的瓶子中取出物品等。在维多利亚时期的社会，这种关于神秘主义和魔法的争论似乎相当受欢迎。

从更加严肃的数学角度看，有关四维空间的想法是由让·潘勒维带到电影中的。在法国一些著名数学家的建议下，其作品《四维空间的数学图像》（1937年拍摄于法国）以一种简单幽默的方式保留了另一个维度存在的可能性。

另一个在低维空间观察高维空间的方法，是观察高维空间在低维空间所产生的投影。例如，平面国的居民可以通过立方体的二维投影来观察它。同样，一个四维超立方体在三维空间里的投射就是一个立方体中包含着另一个立方体的形状。

但是平面人可以确切知道他所处空间的形状吗？首先，他们并不清楚他们所在的地方是否有一个“岸”（边界）。事实上，假如我们把平面国想象成一个1平方米大小的正方形平面，而当一个平面人接近该平面的边界时，他会收缩直至消失。因此，如果平面人原本在这个正方形的中心，当他向岸边移动一半的距离（1/2米）时，他的大小将会收缩成原来的一半；如果他再向岸边移动现在距离的一半（1/4米），他将会变成原来大小的1/4，以此类推。同时，由于他的大小在不断收缩，腿也变得越来越短，但每迈出一步所需要的时间并没有减少。因此，他永远无法抵达

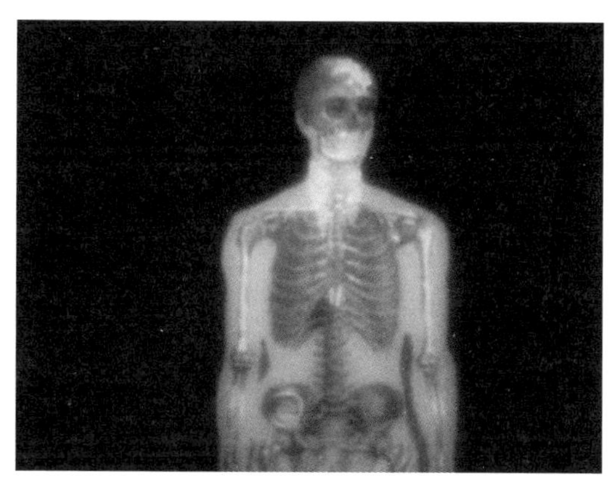

图9　让·潘勒维电影中的图像

“岸”！[1] 由此我们可以得知，平面人是无法知道他所在的世界是否存在边界的。对他而言，世界是无限大的。

从我们的三维空间观察，平面国的形状很可能是一个莫比乌斯环。如果是这样的话，一个平面人则可以从环的中心出发，一路向前，并在完全不靠近边界的情况下轻松快速地回到原点。但当他返回原点时，他的身体已经左右翻转，心脏就变成在右侧了！[2]

当然，如果我们假设平面人在靠近平面边界时会“缩小”，莫比乌斯环中是存在这样的边界的。但也有另一种可能的情况，即在这个空间中根本不存在所谓的“边界”。接下来的事例则正

①希望能够解释清楚其与芝诺悖论的异同。

②许多人可能会认为，平面人能从带子的“另一面”回来。但是由于这个空间完全是二维的，所以并不存在所谓的“另一面”。我们可以把情况想象成平面人在纸带上行走并留下墨迹，或者想象这个带子本身是完全透明的。

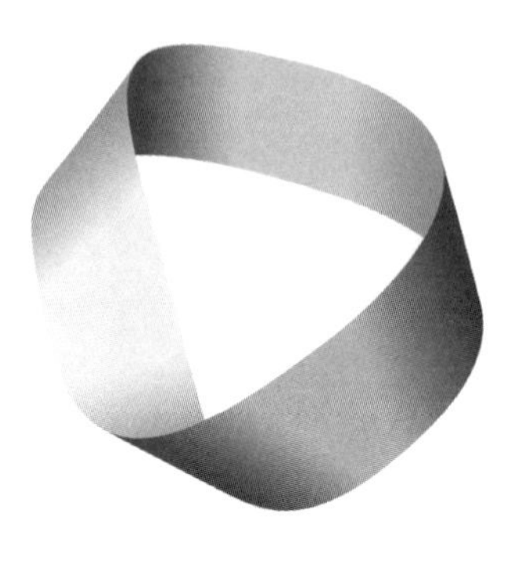
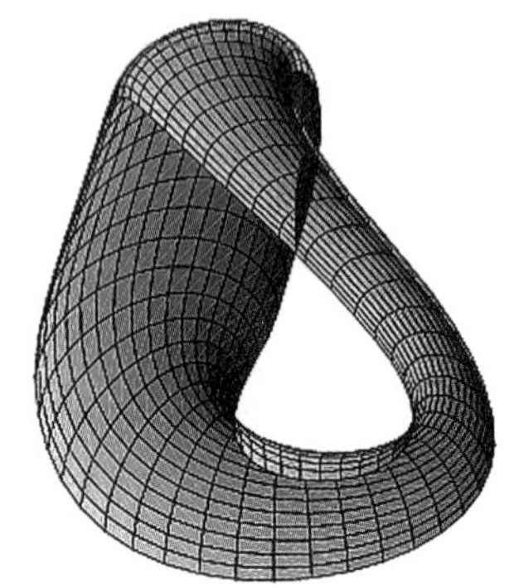

图 10 莫比乌斯环和克莱因瓶

是如此：这是一个克莱因瓶，它是由方形的两边朝反方向延伸后聚合而来。构造克莱因瓶的困难之处在于，我们必须假设在其表面移动的物体可以自由地移动，而不需要穿过任何边界。为了“实现”克莱因瓶的这一属性，只有可能在四维空间内将其创造出来。

1909 年发生了一件有趣的事。当时，美国科学期刊《科学美国人》刊登了一篇关于“第四维度”论文的征稿，并对获奖论文作者许诺 500 美元的奖金——这在当时是一笔金额不菲的财富。在此之后，期刊收到了来自世界各地的数百份征文。但令人惊讶的是，没有一篇论文提到爱因斯坦的名字，也没有一个作者认为时间有可能就是第四个维度。

第二章

时间：时间简史[1]

①对于使用这个与《时间简史》相同名字的副标题，我们要和霍金说一声抱歉。这主要是出于和上一章标题对仗的需要，同时是对霍金伟大作品的一种赞誉。

时间不过是留在我们记忆中的空间。

——亨利·弗雷德里克·埃米尔

时间是一个更难以捉摸的东西。根据我们的直觉，所有事件是一个跟着一个按照时间顺序接连发生的。因此，时间是线性的、单维的、定向的。时间会“向前推进”。在这个时代，把我们生活的三维空间当作时空的一个“部分”是一种非常自然的想法，远比把时间想象成第四个维度要简单得多。

尽管我们一直有着时间会“流动”的印象，但任何物理法则（无论是机械的还是电磁的）都无法区别向前“流动”的时间与向后“流动”的时间。也就是说，如果我们把两个粒子的碰撞记录下来，或者倒着播放一部电影，我们就无法根据物理定律的描述来判别这个过程是顺序的还是倒序的。“时间之箭”的方向只有在大量粒子的王国中才能被分辨出来：它指向混乱加剧的方向，也就是熵的增加。

问题是，我们是否能够理解有关线性、方向性和时空的概念，并使其既能对应我们对于时间的经验和直觉，也能解释科学家们在物理科学各个领域的实验中所得到的信息。

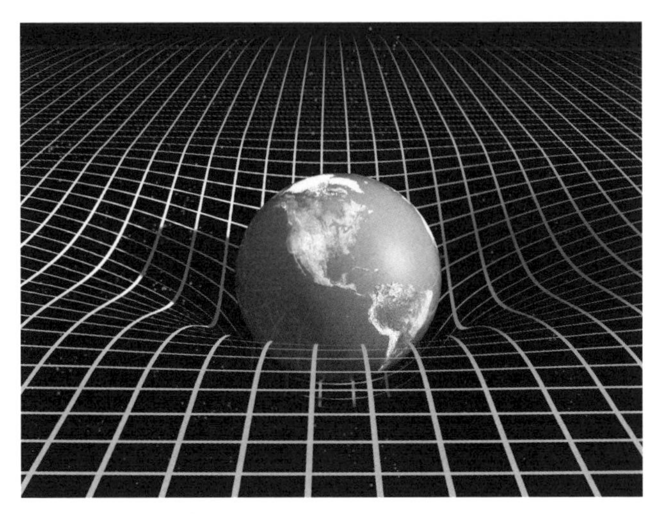

图 11 质量对于时空扭曲效应的二维类比

在整个人类历史过程中，哲学家、物理学家、数学家、生物学家和其他科学家从未停止过思考这个问题。公元 5 世纪，圣奥古斯丁·德·希波纳声称他对于时间的含义一清二楚。但当有人问起这个问题时，他却哑口无言。在哲学家杰拉德·惠特罗（1912—2000）的著作《时间是什么》的开头写了这样一个故事：一位俄罗斯诗人在第一次世界大战期间来到了伦敦。这位诗人的英语说得很不好，当他走在街上时，向一个当地人问道："请问，时间是什么？""你问我干什么？"当地人气愤地回答道，"这是一个哲学问题！"

1952 年，阿尔伯特·爱因斯坦在其相对论科普书籍的附录《相对性与空间问题》中告诉我们："从三维空间演变至今的情况来看，我们自然会认为现实世界是一个四维的存在。"这里我们

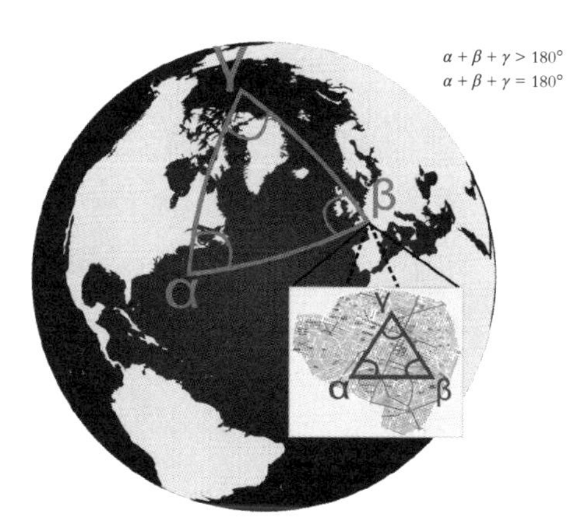

图 12　在一个球体中，三个角度的总和不等于 180°，因为球体的表面不是一个欧几里得空间。然而放大到地球来看，欧几里得法则却完全可以用来取近似值。这个例子说明了球体表面可以被看作一块块二维地图的集合。因此，我们说球体是一个流形，或者更准确地说，是一种黎曼式的流形。

就不再详谈这个问题了。

流形是数学中的标准几何对象，其产生的直观概念曲线（1- 变量）和曲面（2- 变量）可以推广到任何尺寸的不同物体上。（并不一定是真实物体）更正式地说，一个 n 维流形是局部看起来像 R^n 的空间。我们因此认为，一个流形是由许多 n 维坐标卡所组成的，重叠的坐标卡在拓扑学上是黏合在一起的。如果一个流形没有边缘且非常紧凑，则称为封闭流形。目前 3- 变量领域的研究十分活跃，它属于低维度拓扑领域。

当我们在地球表面移动时，我们使用不同的图所组合成的地图集来确定方向。每一张地图上都包含着我们需要“粘贴”到下一张地图上的信息。为了做到这一点，一定的信息冗余是必要的，比如欧洲地图和亚洲地图都可能包含莫斯科。同样，在数学上，我们也可以使用地图集中的地图或图表来描述流形，并说明从一个地图到另一个地图的变化。地球仪是一个典型的流形事例，因为它可以由一系列地图来表示，而其中每张地图又是该流形的一个组成部分，类似于向量空间；地图的变化则表明流形的各部分是如何相互结合的。因此，为了描述一个圆，我们可能会使用两个重叠的圆弧形作为地图。

总的来说，仅用一张地图来描述一个流形是不可能的，因为流形的球形结构不同于其他空间模型的简单结构。举个例子，没有任何平面图能够恰当地描绘整个地球。流形作为拓扑空间呈现，而它们的拓扑结构仅由它们各自的地图位置所决定。

n 维流形 **M** 是一个赋有抽象字母集合 **P** 的集合［**M** 中 **D** 的一对一函数 X，其中 **D** 是 n 维欧氏空间的一个开放集合 $E(n)$］，使得：

1. **M** 被集合 **P** 的字母图像覆盖。
2. 对于 **P** 集合中的任意 x,y，函数 $y»x$ 和 $x»y$ 是欧式可微的［且定义域在 $E(n)$ 的开放集中］。因此，表面等同于二维流形。欧式空间 $E(n)$ 则是一个非常特殊的 n 维流形，其地图集合仅包含身份函数。

与流形有关的第一个概念是它的维度。维度指定了无关参数的数量，以便在流形的局部定位一个点。

图 13　伯恩哈德·黎曼是第一位系统地将表面的概念扩展到较大物体的数学家，他称其为“复合体”。这个术语来自英语中的 manifold。黎曼将变量 n 视为变量 $n-1$ 的连续“堆叠”，从而直观地描述了变量。对于现代流形概念来说，这种直观的描述仅在局部有效，即在流形每个点的周围中有效。黎曼使用此概念来描述受限的变量值集，例如，图形在空间中位置的参数集。

所有同是 n 维的流形都具有相同的局部拓扑结构。惠特尼的嵌入定理表明，任何 n 维抽象流形都可以作为子流形嵌入足够大的 $2n$ 空间中。因此，我们无法在三维空间中创造出克莱因瓶，但可以构建一个四维空间中的子流形。

1904 年，亨利·庞加莱在研究三维流形时，发现了流形理论中最著名的问题之一：庞加莱猜想。该猜想由格里戈里·佩雷尔曼证明，2006 年 6 月数学界最终确认佩雷尔曼的证明解决了庞加莱猜想。

尽管它很受欢迎，但流形的概念仍然模糊不清。1912 年，赫尔曼·魏尔对不同流形进行了内在描述。19 世纪 30 年代的出版物，在哈斯勒·惠特尼证明嵌入定理之际，才对这一概念进行了充分的阐述。

闵可夫斯基空间是零和同构曲率的分析形式，其中度量张量可以写在笛卡尔坐标系中，例如：

1. $\eta = -dx^0 \otimes dx^0 + dx^1 \otimes dx^1 + dx^2 \otimes dx^2 + dx^3 \otimes dx^3$

或在同一基础上以矩阵形式：

$$(\eta_{\alpha\beta}) \stackrel{\text{def}}{=} \begin{pmatrix} -1 & 0 & 0 & 0 \\ 0 & 1 & 0 & 0 \\ 0 & 0 & 1 & 0 \\ 0 & 0 & 0 & 1 \end{pmatrix}$$

2. 但是，通常根据牛顿力学中使用的空间坐标和时间来重命名坐标，即 $(x^0, x^1, x^2, x^3) \mapsto (ct, x, y, z)$，从而将度量张量写为：

3. $\eta = -c^2 dt \otimes dt + dx \otimes dx + dy \otimes dy + dz \otimes dz$

闵可夫斯基空间的黎曼曲率张量完全为零，这就是为什么其被认为是平坦的。从物理上讲，闵可夫斯基空间可以用作在相对较小的区域内（稀缺）物质存在时空的局部近似。这一事实反映在等效原理[①] 中。

从相对论的角度来看，时空的等效性对位移具有重要影响。时间旅行不过是连续时空的位移。因此，时间旅行也只是瞬间传送的一个空间案例。

①该原理指出："浸入重力场的系统与加速的非惯性参考系完全不同。"该原理指的是度量空间中的主要事件。

实验还是谎言？费城实验[①]

20 世纪 30 年代后期，电力工程师尼古拉·特斯拉声称，他完成了一个动态重力理论，将重力主要解释为纵向和横向电磁波的混合体。这些原因在一个工作小组中引起了共鸣。该小组当时正在芝加哥大学进行电磁场实验，致力于通过电场与磁场进行瞬间移动的可能性研究。该项目于 1939 年被移交至普林斯顿大学高级研究所。

当时有人声称掌握了可以使一些小型物体隐形的技术，并将其报告给了美国政府。美国政府因此认为这一新技术在军事方面有着巨大的潜力，并决定拨款给这项研究，以便于实现其目的：将这种技术应用于战争工业。

这一系列试验本应于 1943 年夏季开始。在一开始时，它们甚至从某种程度上来说是成功的。在 1943 年 7 月 22 日进行的一次试验中，一艘名为爱尔德里奇号的美军驱逐舰（DE-173）几

①费城实验（或彩虹实验）因卡尔·艾伦写给莫里斯·杰瑟普的书信而闻名。

乎完全隐形，其中部分参与者在报告中提到了“绿雾”的存在。然而随后一些船员抱怨自己出现了恶心的症状。当时，该试验根据美国海军的要求进行了修改，目的仅是使雷达无法检测到船只。

在重新校准设备后，试验于10月28日进行。这一次，爱尔德里奇号不仅做到了完全隐形，而且实际上是消失在了一道蓝色的闪电中。与此同时，在位于弗吉尼亚州诺福克的美国海军基地，距离试验地点600千米的一个地方，一位士兵报告说刚刚看到爱尔德里奇号出现了15分钟后又消失了。最后这艘驱逐舰又回到了费城——可能是在瞬间移动的过程中出了一点问题吧。

空间从什么意义上来说是无限的？

阿莉西亚说："我不敢相信。"
"你不敢吗？"女王同情地问道，
"闭上眼睛，深呼吸，再尝试一次。"
阿莉西亚笑了，她说，
"尝试也没有用：你无法去相信不可能的事。"
女王说，"我认为，你只是缺乏练习，
当我像你这么大的时候，
我每天都会在这上面花半小时的时间。
有时甚至在吃早饭前，
我就能相信六件不可能的事。"

——路易斯·卡罗，《穿过镜子》

公元前776年，第一届奥林匹克运动会在雅典举行。那时，荷马已经完成了他的著作《伊利亚特》和《奥德赛》。在公元前4世纪时，哲学和数学就已经开始蓬勃发展。当时，雅典是地中海世界的文化中心。在那里，人们设立了柏拉图学院及其门徒亚里士多德的学院。在其著作《理想国》中，柏拉图建议在未来准备参政的学生中推广数学教育。因此，柏拉图学院和后来的学院都成为重要的数学教学与研究中心。

在古希腊数学著作中，最重要的作品即为欧几里得的《几何原本》。这本书共 13 卷，为几何学奠定了基础：确定了基本概念、解释了几何图形的构造、提出了平面几何定理，也就是我们今天所说的“欧几里得几何”。最重要的是，他在书中提供了所有理论的数学证明。众所周知，在托勒密一世大帝时期，欧几里得是亚历山大的老师。他的《几何原本》是有史以来最有影响力的科学著作，几个世纪以来被人们翻译成各国语言在世界上流传。

从古希腊时起，在哲学和物理两个方面，就存在着对宇宙的无限性及其“欧几里得性”的争论。古罗马哲学家卢克莱修（公元前 95—前 45 年）认为，如果宇宙有边界，而人类在边界附近射出一支箭，那么没有什么可以阻挡箭头继续向前飞行并穿越边界。当然，卢克莱修混淆了“空间没有边界”和“空间是无限的”两个概念。很久之后，牛顿也得出了同样的结论，虽然他的论点纯粹是物理学的。

古希腊哲学家们很难理解“无限”的概念。以芝诺悖论为例，根据这一悖论，运动是不存在的。芝诺认为，如果一支箭从距离目标 100 米的地方射出的，那么箭头在击中目标之前必

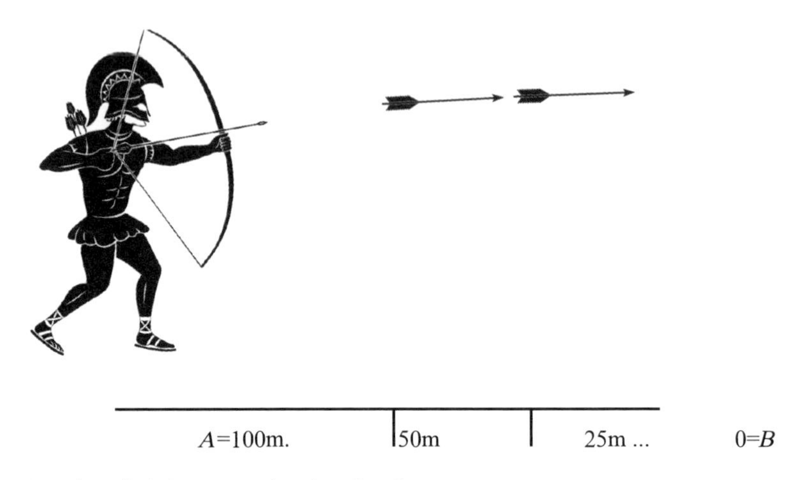

图 14 根据芝诺的理论，运动只是一种幻觉。

须先跨越一半的路程，也就是 50 米的距离。而要让箭头达到 50 米处，则要首先完成之前路程的一半，即 25 米的距离。为了到达 25 米处，箭头又必须先抵达之前路程的一半处，即 12.5 米处……依此类推。这个推导的过程可以永不停止，因此箭头也永远无法击中目标。由此芝诺断言，运动只是一种幻觉。

运用现代数学概念，找到芝诺悖论的谬误非常简单。事实上，如果这支箭飞行前 50 米的距离花了 1 秒钟，假定箭的速度不变，那么它飞到这个距离的一半（也就是 25 米处）则需要花 1/2 秒，飞到 12.5 米处则需要 $(½)^2$ 秒，即 1/4 秒。根据这一推理，箭头到达目标所需的总时间是：

$$1 + ½ + (½)^2 + (½)^3 + (½)^4 + \cdots = 2$$

两秒。没错，箭头是可以击中目标的！芝诺悖论的问题在于无法理解无限个数的总和可以是一个有限的数[1]。

事实上，芝诺悖论的解决也涉及了另一个古希腊思想中的基本原理：原子论。这种理论认为对于空间和物质都存在一种极限的细分，超过该限度后就无法继续切分了。但在数字的“王国”里则没有这样的原子：假设两个任意数 a 和 b，我们总能把数字 a 分为很多个小部分。例如，我们将 a 分为 n 份，如下：

$$a/n < b$$

这种特性被称为阿基米德公理。

芝诺理论中的其他直观概念则对于空间结构具有深刻的意义：从 A 位置射向 B 方向的箭头一定会通过连接 A、B 两点的直线 AB 上的点 C。换言之，箭头的轨迹上没有“漏洞”。我们将这个原理称为“连续性原理”。上述原理对于建构《几何原本》中的平面几何而言，与欧几里得公理[2] 同样重要。

如果两条直线不平行，它们必定会于一点并只于一点相交。

---

① 1941 年，豪尔赫·路易斯·博尔赫斯在其作品《巴别图书馆》中指出，严格来说，一个无限的图书馆只需要一卷藏书：书为通用格式，印成 9 册或 10 册，由无限量的薄页组成。这本柔软的手册并不便于拿取，每个单一的书页都能展开成许多同样的书页，而那难以想象的中间一页则根本没有背面。

②事实上，我们所说的“公理”是《几何原本》中所述的欧几里得五项假设的推论。

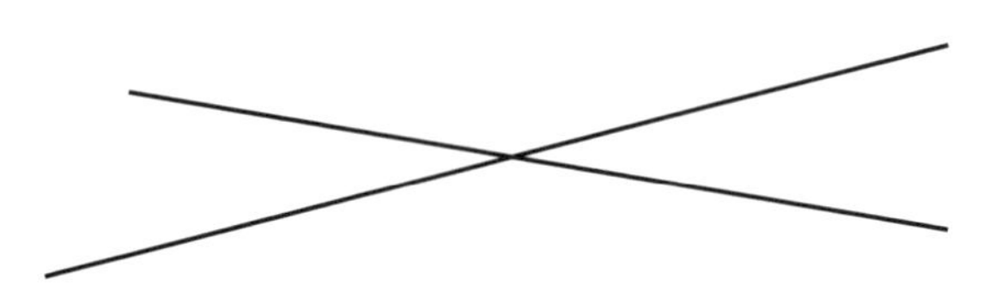

图 15 欧几里得的第五个假设，相当于连续性原则。

尽管看起来较为简单，但是该原理的应用范围其实十分广泛。实际上，它精准地确定了线的结构。据此，我们把满足连续性原理的线称为实线，其点可以用实数标记。然而，我们可以看到，有理线不满足连续性原则：有理线是由点 O 和线上所有与点 O 有一段距离的点组成的，其距离可以用 a/b 的形式表示（其中 a 和 b 是整数，并且 b 不等于 0)。因此，在有理线上就不存在与点 O 距离为实数 π 的点[①]。两条有理线可以精确地在 π 点"相交"，换句话说，这两条线交叉但不互相接触。

19 世纪末，数学家格奥尔格·康托尔证明了具有连续性的实线上的点，并不只 1、2、3、4 等我们可以数出的自然数，而是有无限个大小不同的实数！康托的观点可以这样简单理解：所有 0 与 1 之间的实数都可以以如下的方式写出：

$$0.\,a_1\,a_2\,a_3\,a_4\,a_5\cdots$$

①表示周长与直径之比的数字 π 的无理性并不是一个小问题。阿基米德在其《圆的度量》一书中，利用圆的外切与内接 96 边形，得到 $31 > \pi > 3(10/71)$。托勒密于公元 150 年在其著作《天文学大成》中得到了 π 的取值：$3+(8/60)+(30/3600)$ 或 $3(17/120) \equiv 3.14166\cdots$ 直到 1761 年，瑞士数学家约翰·兰伯特才指出 π 实际上是一个无理数。

且其中数字 a_1、a_2、a_3 等均为自然数。按照该假设，我们可以列出 0 到 1 之间的实数，列表可以如下展开：

$$0.a_1a_2\,a_3\,a_4\,a_5\,a_6\,a_7\,a_8\,a_9\cdots$$
$$0.b_1b_2\,b_3\,b_4\,b_5\,b_6\,b_7\,b_8\,b_9\cdots$$
$$0.c_1c_2\,c_3\,c_4\,c_5\,c_6\,c_7\,c_8\,c_9\cdots$$
$$0.d_1d_2\,d_3\,d_4\,d_5\,d_6\,d_7\,d_8\,d_9\cdots$$
$$0.e_1e_2\,e_3\,e_4\,e_5\,e_6\,e_7\,e_8\,e_9\cdots$$
$$0.f_1f_2\,f_3\,f_4\,f_5\,f_6\,f_7\,f_8\,f_9\cdots$$
$$0.g_1g_2\,g_3\,g_4\,g_5\,g_6\,g_7\,g_8\,g_9\cdots$$
…………

于是，我们得到了实数 x：

$$A_1\,B_2\,C_3\,D_4\,E_5\,F_6\,G_7\,H_8\,I_9\cdots$$

其中自然数 A_1 与 a_1 不同，B_2 与 b_2 不同，依此类推。因此，实数 x 与列表中的第 n 个数字恰好是数字 n。而 x 不在列表中。我们得出的是矛盾的结果。

欧几里得空间中则蕴含着更多惊人的秘密。下面这个例子可以说是宇宙中当之无愧的最佳谜题：

给定半径为 1 的球体 S，有一种方法可以将其切成 5 个部分：S_1、S_2、S_3、S_4、S_5，并在空间 f_1、f_2、f_3、f_4、f_5 中选择刚性运动，使球体的部分通过移动重建两个半径为 1 的球体。

上述事实被称为巴拿赫塔斯基悖论[①]，其论证是基于实数的连续结构和三维空间中球体的刚性变换组的结构，一方面是选择公

①史蒂芬·巴拿赫（1892—1945）是 20 世纪最有影响力的数学家之一，于 1892 年出生于波兰的克拉科夫，于 1945 年在乌克兰去世。以他的名字命名的其他著名概念包括：巴拿赫空间、巴拿赫代数、巴拿赫塔斯基悖论、哈恩 - 巴拿赫定理、巴拿赫 - 斯坦豪斯定理、巴拿赫 - 马祖尔距离、巴拿赫 - 阿劳格鲁定理和巴拿赫定点定理。第二次世界大战开始时，巴纳赫教书的城市卢沃被苏联占领。1939 年，巴纳赫任数学系系主任。1941 年，卢沃落入纳粹手中，纳粹将他赶出了高校。巴拿赫被迫辛苦工作，用自己的血去喂虱子。卢沃城于 1944 年解放。然而，巴拿赫被苏联人驱逐出了学校。在去世几天之后，巴拿赫的遗体才得以运回克拉科夫。

阿尔弗雷德·塔斯基（1901—1983）称自己为数学家（像一个逻辑学家，又也许是某种类型的哲学家）。他被认为是 20 世纪最伟大的逻辑学家之一（通常被认为仅次于哥德尔），并且是有史以来最伟大的逻辑学家之一。与其他哲学家相比，他对真值与因果概念的数学描述尤为著名。与逻辑学家和数学家相比，他则以集合论、模型论和代数方面的成果而闻名，其中包括巴拿赫塔斯基悖论、不可判定的真值定理、初等代数和几何的判定方法以及基数、序数、圆柱代数等概念。

塔斯基于 1901 年 1 月 14 日出生于华沙，华沙当时还是俄罗斯帝国的一部分。他出生时的姓氏是塔特巴姆，1923 年才更为塔斯基。1939 年，战争爆发，塔斯基进入了美国国会。自此，他一直与家人分开居住，直到 1946 年。塔斯基在伯克利建立了一所著名的数学与科学逻辑基础研究学校。他于 1983 年去世，去世前已经在美国享有很高的声誉了。

我们所说的巴拿赫塔斯基“悖论”（1924 年）可以这样表述：

把一颗豌豆切碎后，可以重新拼装并形成太阳。

这就是所谓的“豌豆与太阳悖论”。我们之所以将该定理视为悖论，是因为它与基本的几何直觉相矛盾。通过将实心球分成多个部分并以旋转的方式重新拼装——并不涉及任何拉伸、弯曲或添加新点的方式——来“形成两个球”似乎是不可能的，因为上述操作都不会改变固体的体积。

与大多数几何定理相反，此结果主要取决于集合论中的选择公理。这一理论只能用选择公理来证明，因为选择公理可构造不可测集合。不可测集即通常意义上没有体积的点的集合，且构造此集合将需要无限数量的选择。2005 年，结果表明，可以选择分解片段的方式使得它们可以连续移动而不会相互重叠。至少需要分解为 5 个部分。

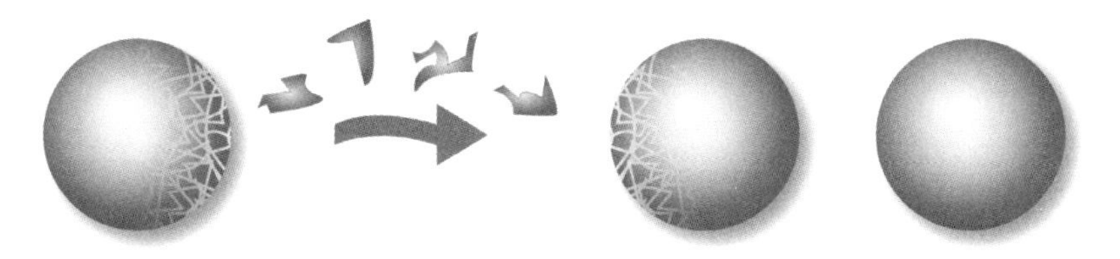

图 16　巴拿赫塔斯基悖论：将一个固体实心球体分解成碎片并重新组装，能否形成两个与第一个球体完全相同的球体？

理；另一方面是集合论[①]。当然，我们并不指望可以在我们所居住的物理空间里用一个球体来创造出两个球体（从数学上说，我们可以说该定理的证明不具有建设性）。

1917 年，在完成其广义相对论理论仅一年后，爱因斯坦发现其方程式的解可能暗示着宇宙有限却没有边界。换句话说，根据爱因斯坦的理论，其物理空间是非欧几里得的。在几十年前，数学家们就已经描述过此类空间。在该类空间中，欧几里得的第五个假设是不适用的：在这种空间中可能不存在平行线，或者可能有几条平行线穿过同一点[②]。

非欧几里得几何的第一个例子是双曲线几何。它最初是由伊曼纽尔·康德提出的理论，后来在 19 世纪初期又由卡尔·弗里德里希·高斯、尼古拉·洛巴切夫斯基、贾诺斯·波尔约和费迪

①用现代术语来说，这组转换 SU（2）是不可管理的。

②非欧几何学的发展与许多数学家有关，其中最著名的几位分别是俄罗斯人尼古拉·洛巴切夫斯基（1792—1856）、匈牙利人扬诺斯·博莱（1802—1860）、高斯、黎曼和庞加莱。

图17 鲁道夫·魏格尔斑疹伤寒和病毒学研究所，于1920—1944年由魏格尔在卢沃（利沃夫）市建立，是一所由他本人管理的科学研究中心。在1920—1939年，它曾是科鲁兹大学生物学系的一部分。德国入侵并占领波兰后脱离大学，成为一个独立研究所，其研究目的是生产抗斑疹伤寒的疫苗（供德国军队使用）。该研究所以供养许多波兰知识分子而著称。这些知识分子在纳粹占领波兰期间饲养虱子以谋生。安德烈·茹瓦夫斯基的电影作品《夜晚的第三部分》即是构建于这段悲伤的历史之上。（来源：维基百科）

南德·施维卡德等人分别独立提出。[①]

---

①尼古拉·伊万诺维奇·洛巴切夫斯基（Никола́й Ива́нович Лобаче́вский，1792年12月至1856年2月），俄罗斯数学家和几何学家，主要以其在双曲线几何学方面的研究成果闻名。由于洛巴切夫斯基的研究成果极具革命性，威廉·克利福德将其称为“几何学的哥白尼”。

波尔约是一位匈牙利数学家，1802年出生于科卢兹瓦尔（当时是奥匈帝国的一部分）。1832年，他毕业于维也纳皇家工程学院。1832年，他发表了一整篇关于非欧几何学的论文，却不知道尼古拉·洛巴切夫斯基在三年前就已发表了类似的研究。正因如此，他的数学成就没有得到认可。他的父亲给卡尔·高斯写了一封信，希望高斯能将波尔约收作门徒。尽管高斯在致其他数学家的信中，承认波尔约是杰出的天才，但由于他认为其论文是几年前就已发表的前人成果，便拒绝了将波尔约收作门徒的请求。这件事使波尔约感到无可奈何，他的数学家生涯也就此中断。

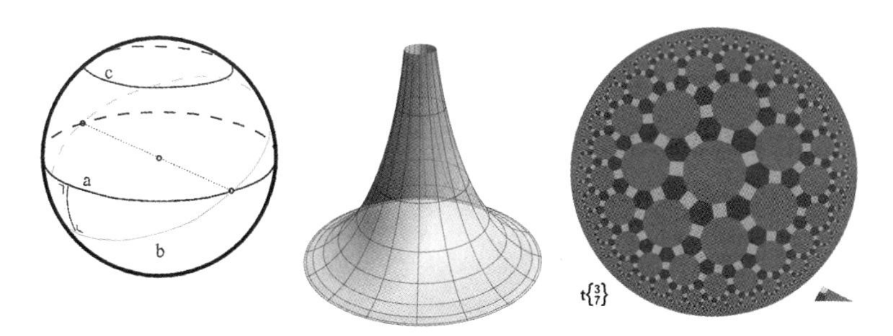

图 18　非欧几里得几何模型。等曲率的三个示例：最左为曲率 > 0 的球体；中间的图片是曲率 = 0 的伪球体（来源：Leonid 2，维基百科）；最后是双曲几何的庞加莱圆盘模型，其棋盘格 {3.7} 的菱形被截断，曲率 <0。

非欧几何在发展伊始就以建立不满足欧几里得第五假设的显式模型为目的。在该领域的第一部著作《关于生命力的真实估计之思考》(1746 年）中，康德提出空间是不只包含三个维度的，他如下说道：

> 毫无疑问，对于理解力有限的人类而言，在几何学领域所能从事的最高事业即为对所有可能的空间类型的科学进行研究。……如果真的存在其他维度的扩展，那么有可能是由上帝创造出来的，因为上帝的作品总拥有无限的广度和多样性。

爱因斯坦在建立其宇宙模型时也碰到了一些较大的困难。根据牛顿的引力理论，只有一个均匀且各向同性和无限的空间才能保持必要的引力平衡，以防止宇宙“坠落”到中心。实际上，这

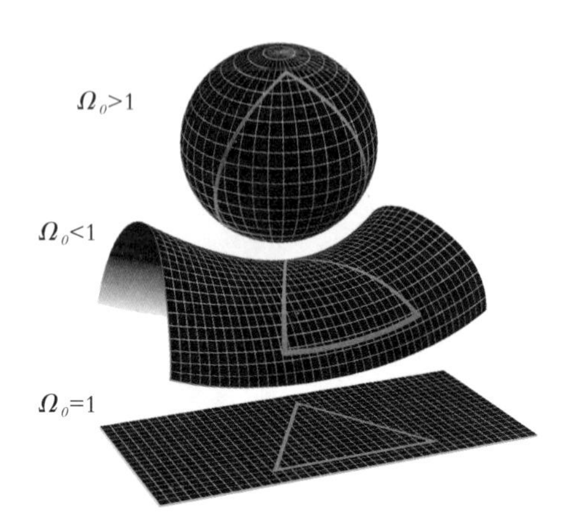

图 19 空间几何形状。较高：具有更高临界密度（$\Omega>1$，$k>0$）的球形宇宙。权杖：一个双曲线的点（鞍点），密度低（$\Omega<1$，$k<0$）。较低：完全具有临界密度的平面宇宙（$\Omega=1$，$k=0$）。

是牛顿相信宇宙无限的主要论点。但是，在爱因斯坦的模型中，宇宙是有限的。为了保持平衡，爱因斯坦需要在他的方程式中增加一个称为宇宙常数的附加常数。然后，当哈勃发现星系变迁的普遍现象时，可以将爱因斯坦方程中这个宇宙常数消除。这样就达到了当前所公认的模型：宇宙是有限的，但它正在扩展。

科幻小说的成立却不需要进行真正的星际旅行，也不需要任何特殊环境。有时，虚构的小说仿佛可以轻而易举、十分自然地直接闯入现实生活中。

某年的 3 月 4 日，布宜诺斯艾利斯地铁站的管制人员发现其 UM-86 号车厢突然彻底消失了。在寻遍网络后，他们仍然无法找到消失的车厢和乘客。同时，在没有任何人操作的情况下，地铁系统中的道路和交通信号灯开始发生变化。在这种情况下，为了掩盖公众舆论，SBASE 的负责人布拉西与普拉塔学会进行了沟通，开始了环城新网络的建设，并向他的朋友——地铁施工队的总管求助。该新网络贯穿了城市所有其他网络的上游，并覆盖了 UM-86 最后一次出现的通道。

这便是阿根廷电影《莫比乌斯》中的情节。该电影由古斯塔沃·莫斯克拉执导，并由布宜诺斯艾利斯电影学院的学生以极低的预算制作。它由阿明·约瑟夫·德意志的《一个名叫莫比乌斯的地铁站》（1950 年）改编而成。在改编过程中，电影在角色和环境之上融合了更为复杂的情节，并增添了一些博尔赫斯的风格。

图 20 电影《莫比乌斯》海报

施工队的总管派遣年轻的拓扑学家（研究拓扑空间的数学家）丹尼尔·普拉特，布拉西则对此表示很不满意。普拉特得到了地铁的原规划图，并惊讶地发现他的数学老师也曾参与其中。那节消失的车厢是UM-86（86指1986年，正是博尔赫斯去世的年份）。当普拉特到达驾驶室时，他遇到了曾经的数学老师，后者则证实了莫比乌斯理论的真实性（这一部分中混合着幻想与废话，只有具有数学知识的人才能注意到）。

第三章

时间：物理现实中的数学概念还是精神幻觉

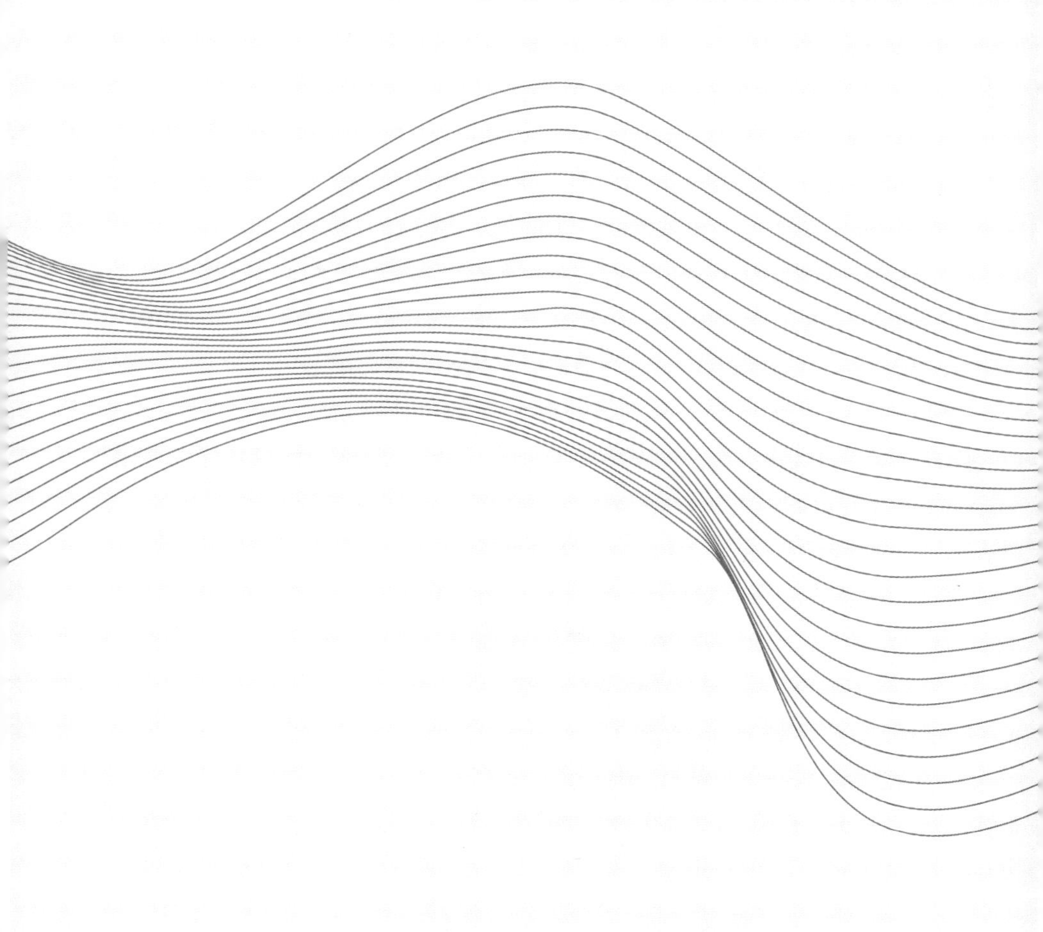

未来并不确切，但终点总是即将来临。

——吉姆·莫里森

经度

一只令人满意的机械表可以保持运转多年而不间断——这项发明对于时间的同质性和连续性概念产生了显著影响。这些思想隐含在伽利略的《两门新科学的对话》（1638 年）中，蕴藏在他所使用的时间概念中，尽管他并不是第一个用直线来表达时间的思想家。

关于时间的几何概念，历史上第一个明晰的讨论似乎可以追溯到艾萨克·巴罗的《几何讲义》（1669 年）。当时巴罗在剑桥大学担任数学系主任，同年牛顿接替了他的职务。他对伽利略及其门徒托里斯利所持有的运动学说印象非常深刻，并意识到应该更加谨慎地看待动力系统中的时间概念："就其内在和绝对性质而言，时间并不意味着运动。"然而同时他也认为，时间只能通过运动来测量。

对于巴罗来说，时间是一个数学概念，与直线有着许多相似之处，因为"时间只有长度，其所有部分都是相似的，可以看作连续流中相继时间的简单相加，因此时间可以是一条直线或一个圆”。他对于“圆”的提及非常有趣，表明传统观念仍然影响着当时的物理学家。

当然，巴罗的想法与他在卢卡斯亚纳职位的继任者艾萨克·牛顿遥相呼应。牛顿在其著作《自然哲学的数学原理》（1686年）的开篇写道：“数学上的时间——具有绝对性和真实性——就其本质而言，是不变地流动着的，与外界没有任何联系。”因此，他认为时间是一条几何直线，由连续的时间点排列而成，且时间是一个独立于所有其他变量或过程的数学变量。其同时代的哲学家约翰·洛克在《人类理解论》（1690年）中也表达了这一思想：“……时长与几何意义上的长度相似，类似于一条无限延伸的直线的长度……也是衡量所有现实存在的事物的通用方法。因此，‘此刻’对于所有现在存在的事物而言都是共同的，并且组成了其存在的一部分，就好像‘此刻’是一种单独的存在一样。我们可以确定地说，所有这些事物都存在于同一时刻中。”

与牛顿同时代的另一位哲学家莱布尼兹则并不认同绝对时间的想法。对于这个问题，莱布尼兹采用了一种操作性定义，将事件序列视为同时发生的，并将时间视为“现象连续的顺序”。尽管这一概念直到今天仍为人们所接受，但它没有提到时间间隔的持续时间，也没有考虑其连续性，因此并不完全令人满意。

当时，牛顿已经认识到要准确地测量时间是一件非常困难的事情。1675年，在《自然哲学的数学原理》出版之前几年，格林尼治皇家天文台成立，标志着人类对时间的精确测量的开始。

1760 年，人们发明了可以携带到船上的秒表。1855 年，人们观测到经度每变化一度，日照时间相应变化 4 分钟，并意识到了将地球划分时区的必要性。

经度的测量对于地图制图和海洋导航而言都十分重要。从历史上看，其最重要的实际应用是为在海洋中航行的船只提供准确的导航。人们花了几个世纪的时间来寻找确定经度的方法，其中不乏最伟大的科学家们的参与。

公元前 3 世纪，艾拉托斯特尼首先提出了一种以经纬度来展示世界地图的系统。公元前 2 世纪，尼西亚的希帕古斯率先使用该系统来确定地球上的位置。他还提出了另一种测量经度的系统，方法是通过比较一个地点的本地时间和绝对时间来确定该地点的经度。这是人们第一次认识到可以通过对时间的确切了解来确定经度。在 11 世纪，阿拉伯天文学家比鲁尼认为地球绕其轴

图 21　人们利用 1504 年的牙买加月食来计算经度

旋转。这与现代人类对于时间和经度关系的概念相吻合。

相比于海上而言，在陆地上测量经度则相对容易：人们有一块稳定的地面可以工作，在进行测量的同时可以舒适地住在房子里，并且可以在一段时间内重复进行测量工作，因此具有很高的精确度。

纬度的确定则十分简单，可以凭借正午太阳高度和一块平板来计算赤纬。在经度方面，历史上第一批水手只能基于对船方位的估算来航行。这种方法并不准确，而在无法看见陆地的长途航海中，这是非常危险的。

为了避免因不知道确切位置而出现问题，水手们总是利用纬

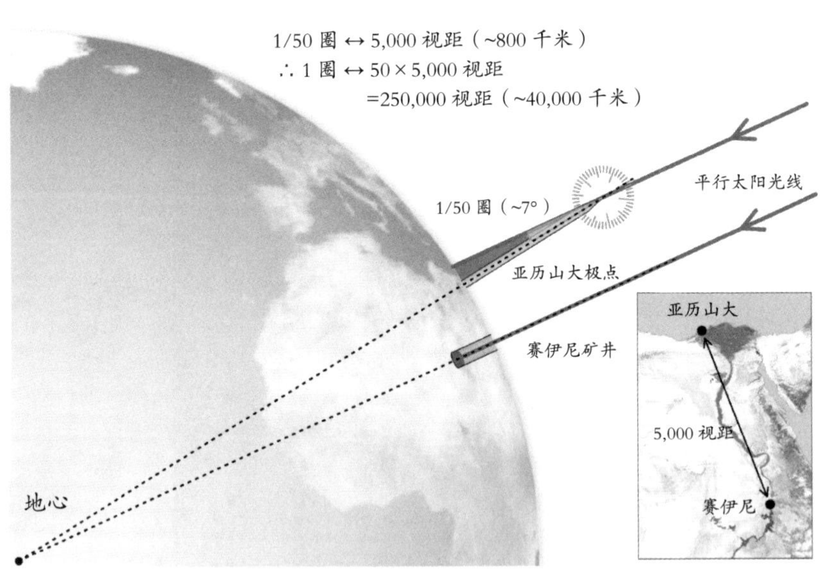

图 22 艾拉托斯特尼计算地球半径的第一步是表示其系统中的经度（来源：Cmglee）

度来确定方向。他们朝向目的地的纬度方向行驶，然后转身跟随恒定的纬度线。

这种行驶方式使船无法按最近路线航行（例如，最大圆圈）或根据最有利的风和洋流路线行驶，从而延长了航行天数，有时甚至要耽误数周的时间。

而导航的错误则会直接导致海难。因此，在一系列由位置计算的严重错误所引发的海上灾难之后（如1707年的锡利海军的巨大灾难），1714年，英国政府成立了经度委员会和经度奖，并将为发现和证明海上船舶确认经度方法的人颁发奖金（那时的奖金按今天的货币价值来算，相当于现在的数百万美元）。

另外，1666年由路易十四建立的法国皇家科学院也受托举办了一系列其他科学活动，其中包括航海导航科技的进步以及地图和导航图的改进等。自1715年以来，学院就将其两个奖项中的一个拿出来用以解决经度测量问题。大多数来自欧洲国家的航海者和科学家都意识到了这一问题，并参与到了寻找解决方案的工作当中。

由于地球以每天360°或每小时15°（恒星时）的恒定速度旋转，因此时间和经度之间存在直接关系。如果航海者在出海时可以知道某个他也可以观察到的事件（例如，天文事件）发生的时间，并且知道他能够在船上观察到该事件的时间，那么就可以利用两者之间的时间差（在陆地上的时间和在船上的时间的差值）来计算出船舶相对于陆地的位置。

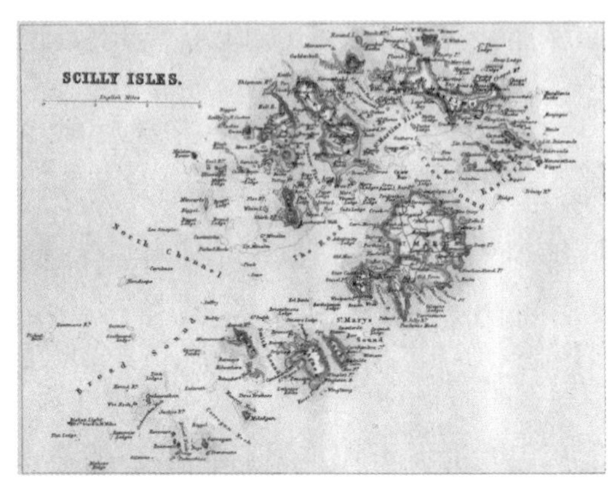

图 23 第一张图片是英格兰对面的锡利群岛（索林加斯群岛），其中有 4 个岛屿有人居住，大约共住有 2000 人。第二张图片的中部是特雷斯科岛上的克伦威尔城堡。1707 年发生的悲剧是皇家海军历史上最大的灾难，当时死于这场海难的人数超过了“泰坦尼克”号沉没中遇难的人数。

1612 年，伽利略确定了木星四个最明亮的卫星（木卫一、木卫二、木卫三和木卫四）的轨道周期后提出，在充分了解这些天体运行轨道的情况下，可以将它们的位置作为宇宙时钟——这将使经度的测量成为可能。伽利略在余生中多次重复了这个设想。要使用该方法，需要从移动的船舶甲板上观察卫星。为此，伽利略设计出了一种叫“塞拉通”的观测装置，它的形状类似头盔，上面装有望远镜，以供观察者在船上移动。实际上，伽利略的这个方法存在严重的问题，完全无法在海上使用，但可以用于在陆地上测量经度。

大约在 1683 年，埃德蒙·哈雷提出了使用望远镜观察月球对恒星隐藏的时间，并借此来确定海上时间的方法。作为一名新的皇家天文学家，哈雷负责观测恒星位置和月球轨道，主要是为了扩展科学知识，并解决经度测量的难题。尽管他提出的方法一直被认为是可行的，但从未付诸实践。然而从另一方面来说，这些观察结果却使月角距[①] 的计算变得更加便利了。

1514 年，约翰内斯·沃纳的作品《海洋大陆原始平衡地图学》（*In hoc opere HAEC continentur Nueva translatio primitivo equilibrio geographiae Cl Ptolomaei*）在纽伦堡出版。在这本出版物中，第一次提到了通过观察月亮的位置来确定时间的方法。阿皮安努斯在他的《宇宙志》（兰茨胡特，1524 年）中对该方法进行了详细的讨论。

1674 年，法国人圣皮埃尔让这项技术引起了英国国王查尔斯二世的注意。国王的顾问罗伯特·胡克和当时的皇家天文学家约翰·弗拉姆斯蒂德认为该方法确实可行，但缺少有关恒星位置和月球运动的详细知识。对此，查尔斯国王接受了弗拉姆斯特德关于建立天文台的建议，并授予弗拉姆斯特德首位皇家天文学家

①月角距是月球和另一个天体之间的角度，在天文导航中使用的术语。

图 24 在海上以测量月角距的方法计算格林尼治标准时间。月角距是月球和恒星（或太阳）之间的角度，图上两颗星的高度则是用于校准距离和计算时间。（来源：迈克尔·戴利）

的称号。

随着格林尼治皇家天文台的创建，人们已经可以高精度测量恒星位置，也一步步逐渐探索着计算月角距的方法。为了更好地预测月球运动，天文学家们将艾萨克·牛顿的引力理论应用在了月球运动上。

德国天文学家托比亚斯·迈尔一直在研究月角距的测算方法来准确定位地面位置。他曾与伦纳德·欧拉联系，欧拉则为其提供了信息和方程，以便准确地描述月球运动。通过这些研究，迈尔制作了一套有史以来最为精确的月球位置预测表。根据这些表格，内维尔·马斯克林在海上进行了测算月角距的实验后，并提议以天文年历的形式每年出版一次天相表，以便在海上计算经度，并使其精度达到 0.5°。

马斯克林热衷于月角距的研究。1766 年，他和他的计算机团队一整年都忙于准备新的航海天文历和天文星历表。该天文历首次发布时亦包含了 1767 年测得的数据，具体包括日、月和行星位置的日表，给出日月和月球与其他恒星间距离的月角距以及其他天文数据。该航海天文历以皇家天文台数据为基础，经过审查后成为全球领航员共同使用的标准年历，而格林尼治标准时间也因此被采用为国际标准时间。

对于这个问题，另一个解决方案是使用机械表：将机械表携带到船上，并使其在参考地点显示正确的时间。人们在陆地上用摆钟进行了类似的尝试，并取得了成功。其中，克里斯蒂安·惠更斯曾将摆钟用于计算地面经度。他还曾提议使用摆轮游丝来调节时钟（对于这个想法的最初倡议者是谁的问题存在一定争议：可能是他，也可能是罗伯特·胡克）。航海者总是一再苛求时钟更加精确，然而，包括牛顿在内的许多人却并不看好进一步提高时钟的精度。在那时，受到船只在海上移动的影响，没有任何钟表可以在海上保持显示准确的时间。尽管当时人们普遍抱有悲观的看法，仍有一小群人认为精密计时器可以解决这个问题：这是一种改良版的计时器，即使在长途航海中也能正常运行。来自约克郡的木匠约翰·哈里森把这个设想变成了现实：他制成了被后世称为 H-4 的航海钟。

哈里森共制造了五个航海钟，其中两个在海上进行了测试。由于各种原因，两个航海钟的首次测试均未成功。对成果并不满意的哈里森重新制造出了 H-4 航海钟——该产品不仅通过了海上测试，而且符合所有获得“经度奖”的要求。然而政府并没有将奖项授予哈里森，他甚至不得不自己去争取应得的报酬。之后，英国议会在 1773 年为发明航海钟而表彰了哈里森。但由于航海钟制作成本十分高昂，在当时并未能普遍使用。在之后数十年的时间里，人们都还延续着以前的方法，用月角距来判断海上经度。

由于月球的位置难以精确测量，所以用月角距来计算位置的方法实施起来十分费时费力。但是，自 1767 年初发布《航海天文历》后，计算的效率大大提高了。该天文历预先计算出了一年中月球到各种天体之间的距离（数据时间间隔为三小时，包含一年中每一天），从而有效地减少了实际计算时间：人们可以在半小时内完成计算，最快的情况下甚至只需 10 分钟。因此，在 1767—1850 年，航海者们普遍使用月角距计算法。

1800—1850 年，人们造出了精准且较为经济实用的航海天文钟，取代了以往的月角距计算法（航海钟首先在英国和法国应用，随后推广到美国、俄罗斯和其他国家）。航海者可以购买两个或更多相对便宜的航海钟以便相互矫正，而不是为了使用月角距计算法而购买一个昂贵又单一的六分仪。到 1850 年时，世界

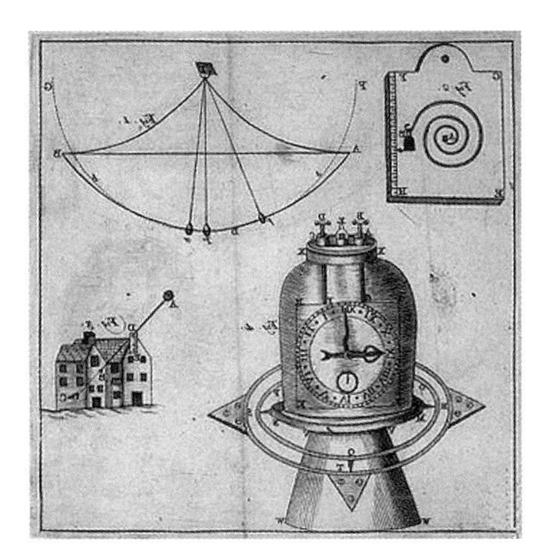

图 25　杰里米·特克的航海钟

上绝大多数的航海员已经不再使用月角距计算法了。

然而直到 1905 年，航海专家还一直在使用月角距计算法。尽管对于他们中的大多数人来说这只是一种练习方法——使用月角距计算法是获得专业执照的必备要求。在陆地探索和制图领域，人们也在继续使用月角距计算法，因为在恶劣的自然条件下，天文钟的测算结果并不准确。在英国出版的《航海天文历》中，包括了详尽的月角距表格（至 1906 年）和指引手册（至 1924 年）。这些表最后一次出现是在 1912 年出版的美国海军天文台《航海天文历》中。尽管在此之后，该天文历添加了一篇于 20 世纪 30 年代左右出版的附录，解释了为何月角距具有无可替代的重要价值，这些表格也还是没有再次派上用场。大约在 20 世纪 30 年代，无线电技术的发展与航海天文钟相结合，彻底为

图 26 伽利略·伽利雷

月角距计算法的使用画上了句号。

人们一直在寻找确定经度的方法。在解决这个问题的过程中，许多科学家有了新的天文学和物理学发现。以下是一些示例：

- 伽利略：对木星卫星的详细研究，证明了托勒密的学说的错误，并非所有天体都绕地球轨道旋转。
- 罗伯特·胡克：确定弹簧中力与位移之间的关系，为弹性理论打下基础。
- 雅各布·贝努利（以及莱昂哈德·欧拉对其理论的改进）：发明了解决最速降线问题的变量计算方法（确定了

摆线轨迹的形状，其周期不随横向位移的程度而变化）。这一改进提高了摆钟的精度。

- 约翰·弗拉姆斯特德等人：通过安装天文观测台而正式确立观测天文学。
- 约翰·哈里森：发明了摆动式架和金属合金，以及其他对材料热性能的研究。

光速

根据定义，真空中的光速是一个通用常数，值为 299,792,458m/s（通常接近 3×10^8m/s），或者说是 9.46×10^{15}m/a；第二个数值也被用于定义“光年”。光速用拉丁语单词 Celéritas 的字母 c 表示。

1983 年 10 月 21 日，真空中的光速作为常数正式被添加至国家单位制中，而“米”也就成为从该常数中派生出的单位。

在物质介质中，光的速度小于 c，取决于介质的折射率。根据现代物理学，所有电磁辐射（包括可见光）在真空中以恒定速度传播或移动，通常称为“光速”（矢量幅度），而不是“光速 c”（标量）。

电磁定律（例如，麦克斯韦方程）的结果是电磁辐射的速度 c 不取决于发出辐射的物体本身运动的速度。因此，从快速移动的光源发出的光将以与来自固定光源的光相同的速度传播（尽管光的颜色和其他属性会改变——该现象被称为多普勒效应）。

如果将此观察结果与相对性原理结合，那么就可以得出结论：无论观察者处于什么参考系、无论光源的速度如何，所有观

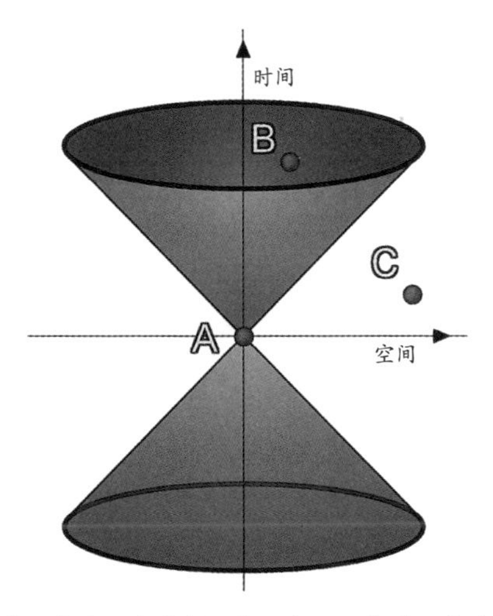

图 27　光锥。光于 A 点发射，在 A 点可以看到 B 处的所有点，但看不到 C 处的点（在光束发射的瞬间）。

察者在真空中所测量到的光速都是相同的。正因如此，光速 c 才可以作为一个基本物理常数来使用。

当观察者以很快的速度运动时，他会发现距离与时间会根据洛伦兹变换而扭曲。然而，即使时间和距离会变化失真，光的速度却是恒定的。如果一个人以接近光速 c 的速度运动，那么他所看到的身前的光会变成蓝色，而身后的光则会变成红色。

上图中的间隔 AB 是时间类型（也就是说，存在一个参考系，其中事件 A 和事件 B 在空间中的同一位置发生，但发生的时间不同，并且如果在该参考系中 A 在 B 之前发生，则在所有惯性系中 A 均在 B 之前发生：在任何参考系中，A 和 B 都不可能同时发生）。因此，在假设中，物质（或信息）有可能从 A 传播到B，并且其中可能存在着因果关系（A为原因，B为结果）。[①]

表1 用于测量光速的不同尝试和方法

历史上对于光速 c 的测量（单位：千米/秒）		
1638年之前	伽利略，手电筒信号	没有定论
1667年之前	实验学院，手电筒信号	没有定论
1675年	罗默和惠更斯，木卫	220.000
1729年	詹姆斯·布拉德利，光行差	301.000
1849年	阿曼德·斐索，齿轮	315.000
1862年	莱昂·傅科，旋转镜	298.000 ± 500
1907年	罗莎和多西，电磁常数	299.710 ±30
1926年	阿尔伯特·迈克耳孙，旋转镜	299.796 ± 4
1950年	艾森和戈登-史密斯，共振腔	299.792,5 ± 30
1972年	埃文森等人，激光干涉仪	299.792,4562 ± 0.0011
1983年	CGPM，定义（米）	299,792.458（准确值）

光速对于电子信息技术至关重要。举个例子，由于地球的周长为40,075千米（赤道线长度），而理论上来说光速 c 是信息传播的最快速度，因此到达地球另一端的最短时间将是0.067秒。由于光在光纤的传播速度会降低约30%、全球通信系统中很少有直线路径等原因，实际的传输时间会更长一些。另外，当信号

①该观测是“回到过去比穿越到未来更加简单”这一断言的基础。

通过电气开关或信号发射器时，传播也会有延迟。比如，2004 年从澳大利亚或日本接收美国信号的延迟普遍为 0.18 秒。在短距离传播中，光速也有着重要的影响。在超级计算机中，光速限制了处理器之间互相传播数据的最大速度。如果处理器以 1 GHz 运行，那么信号在单个周期内最多只能传播 300 毫米。因此，必须将处理器放在互相靠近的位置，以最大限度地减少通信延迟。如果芯片频率不断增加，光速最终将成为单个芯片内部设计的限制因素。

让我们假设有某部文学作品名为《光速》。它除了是一本宏伟的小说以外，还会触及作者隐藏最深的敏感神经（我是说本书的作者，也就是我）。假设我在很多年前读的这本小说，并且在阅读的时候完全没想到这本书与光速有任何关系，而现在——在我写（我们现在在阅读的）这本书的时候——我开始好奇为什么那本小说要命名为“光速”。那么我们是否应该在这里提及一下那本科普小说呢？我想这个问题只有一个回答：当然是啦！

《光速》（1995 年）是由西班牙作家哈维尔·塞卡斯所著的小说，他的前一本小说《萨拉米士兵》在世界范围内大获成功。这本书的部分内容讲述了一段关于友谊的故事：这段友谊始于 1987 年，当时作者（一个年轻的、有抱负的小说家）前往美国中西部的一所大学学习，并结识了一位名为罗德尼·福克的上班族。福克曾在越南服役，他总是闷闷不乐、十分阴郁，一个关于往事的秘密腐蚀着他的心灵。这本书同样也是作者在经历前一本书的成功后如何跌落神坛的故事。这一点使读者怀疑该故事——或者更确切地说，大获成功后隐秘堕落的故事——是否带有一定的自传特征。

这两个故事都有助于作者对于一些极端情况进行反思：反思人类作恶的能力，以及获得社会意义上的成功的后果——尤其是对于那些大获成功后就无法约束自己的人而言。此外，这本新小说采用了与《萨拉米士兵》中相同的形式，比如其文学创作过程、小说与现实的关系都很相似，且同样都使读者推断故事中的叙述者所写的书正是他们在阅读的这一本。

《萨拉米士兵》中所采取的相反平行在这部小说中也并没有被忽视：在《萨拉米士兵》中，一个士兵在一场战争中俘虏了主人公（叙述者），却把他放跑了；在《光速》中，一名几个月前还是模范公民的士兵，后来则变成了臭名昭著的“老虎力量”组织中的一个杀人狂魔。

塞卡斯在书中小心翼翼地描述着罗德尼的转变，好像在努力不伤害到读者的感情。我们每个人都可以（也可能无法）想象战争有多恐怖，但是我认为一部基于《光速》改编的电影应该并不会像《现代启示录》那样，让人们真正相信战争的可怕，并对其心生恐惧。

正如之前所说，该书的第二部分描述了作者的精神堕落：他意外地获得了成功，但无法理解这意味着什么。作者在非人化的士兵与受成功所害的作家之间画出了一条模糊的平行线。对于描述上一本书大获成功的部分，读者几乎完全一致地给予了赞美(没错，它十分成功)。这是一件很奇妙的事情，仿佛他们想在现实中证明作者说的是错的：他可以继续获得成功，而不必跌落神坛。

最后是对书名的解释：《光速》这部作品旨在透过邪恶与痛苦展望未来。 物理学博士豪尔赫·瓦根斯伯格曾写道："预测未来是历史上第二古老的工作。"而塞卡斯小说的标题也正是从这个现代物理学的比喻中得出的——更准确地说，是从爱因斯坦的相对论中得出的。爱因斯坦本人在很多场合提及过，他喜欢想象如果一个人能够骑在一束光上并以光速前进会发生什么：

> （在以光速前进时）我们还能看到东西吗？如果可以，我们会看到什么？我们如何去看？要讨论这些问题，我们则会不可避免地陷入另一个概念：时间。人类对于时间的衡量由恒星的运动开始（例如，太阳运动创造出了我们所谓的"白天"和"夜晚"),"时间"的概念也来自一个日常现象：观察（用眼睛看）。举个例子，如果我们在一个房间里，并且能够看到周围的环境，我们会发现墙"在"某个位置、茶几"在"另一个位置，以此类推。然后，我们就有了"空间"的概念。现在，如果我们能够以光速行进（并且这种运动速度不会对我们产生生理上的伤害），那么在"感知"到墙壁或桌子存在的一瞬间，我们就会在墙壁或桌子上了。这意味着"空间"的概念将会改变，"时间"的概念也一样：

之前当我们看着墙壁或桌子时，我们也在计算到达这些地点所需要的时间。而在以光速运动的情况下，这段时间将不复存在，因为我们感知到墙壁和桌子与我们到达这些地方将发生在同一个瞬间：感知和到达是同时发生或几乎同时发生的。如果我们能够看到自己所处的空间之外的地方，或者我们能够以比光速更快的速度行进呢？我们又会看到什么？在那种情况下，我们能完成“历史上第二古老的工作”——“看到”未来吗？

爱因斯坦的观念改变了思想史上的一些基本概念，塞卡斯则对爱因斯坦的理论信手拈来，妙笔生花。他不像科普作家或科幻小说家一样，以向读者解释科学概念为乐，而是把目光投向某个人类的瞬间上、投向耶稣显灵的时刻。在这样的瞬间中，人们就像从十楼一跃而下的自杀者一样，可以在一秒钟内看到过去与未来，可以重新选择——也可能并非如此。在一跃而下的自杀途中，人们已经没有时间改变主意了。罪责也不会带来巨大的束缚——简直像把一艘横渡大西洋的巨轮绑在了脚踝上。负罪感在此时履行了重力的作用。

也可能并非如此。

罗德尼·福尔克说：“没人能讲述这个故事。”然后，叙述者说道：“这是一个我无法理解也永远不会理解的故事。”他们说的是对的，但人们确实仍在叙述这个故事——至少在试图这样做。

而我们之所以说他们说的是对的，是因为小说的拐点——那些可以“看到未来”的时刻——来自与恶相关的经历。而经历过战争的人都知道，“恶”是难以解释的。邪恶与预兆有恐怖之处，但也有美妙的地方：“杀人的喜悦……因为没有比杀人的乐趣更令人愉悦的感觉，没有能够与杀人——夺走另一个人，一个和自己相似的人的全部一切——相媲美的猛烈的感觉。”然而，塞卡斯在创作小说的旅途中仍然坚信希望：依靠创作与文学的力量，面对现实，驱散罪恶。

爱因斯坦方程

过去、现在与未来，

不过是非常生动的幻觉而已。

——爱因斯坦

直到 20 世纪，单一时间的概念都显得十分正确，即认为对时间的测量仅取决于其对初始时刻和时间尺度。所有这些想法都在 1905 年被爱因斯坦打破了：他发现了时间测量理论中的一处推理错误，即时间的测量取决于事件发生的同时性。如果不同事件同时发生在同一地点，则上述推理是完全正确的；但是当事件发生的地点之间有一段可观的距离时，其同时性将取决于观察者如何接收该事件的相关信息。如果知道事件发生地点距自己的距离以及信息的传输速度，每个观察者都可以计算出两个事件是否是同时发生的。我们通常认为在相同的相对运动中，光速（或电磁信号）对于所有观察者是相同的，而问题就出现在这里——因为这样一来，对于一个观察者而言同时发生的现象对于另一观察

图 28　图中从左到右分别是马塞尔·格罗斯曼、阿尔伯特·爱因斯坦、古斯塔夫·盖斯勒和尤金·格罗斯曼

者就并非同时发生的了。也就是说，时间的尺度取决于观察者。对于一个观察者而言是发生在过去的事情，对于另一个人而言可能发生在现在，对第三个人来说可能从未发生过。因此，用爱因斯坦本人的话来说，“现在、过去和未来不过是很有说服力的幻觉而已”。

在理解宇宙这个问题上，几何时空观显得十分有用。但是为什么我们要说“时空”？为什么不可以将时间与空间视为完全不同且互相独立的实体？尽管我们都知道“时空”的概念是通过爱因斯坦的相对论普及开来的，但其实它背后有着更为丰富的历史。

在亚里士多德物理学中，存在一个三维欧几里得空间 E^3 的概念来表示物理空间，而空间的各个点始终保持其同一性。时间表示为维数为 E^1 的欧几里得空间。这样一来，时间是一个欧几里得空间，具有一组平移使其保持不变，因此没有像真实线 R 中那样存在明显的原点或元素。如果时间没有起点，那么不同时间中的物理定律必须始终相同。从数学上讲，亚里士多德时空是 $E^1 \times E^3$ 的欧几里得空间。

伽利略观察到，当物体在不同参考系中统一进行相对运动时，动力学定律保持不变。这个观念对于哥白尼的宇宙学说而言非常关键：地球在不断运动，但是处于地球表面的观察者并没有注意到这种运动，而在亚里士多德宇宙中观察者是应该会感知到这种运动的。对于伽利略来说，处于给定时间的空间欧几里得空间 E^3，但在时间流逝的时候无法确定空间点。用数学术语来说，伽利略时空是具有基本空间 E^1 和纤维 E^3 的纤维束。

现代时空概念的发展始于 1827 年德国数学家卡尔·高斯的表面理论研究。高斯建立了直到今天仍在使用的空间概念的双重概括：坐标使用的概括以及其他对非欧几里得几何的推广。首先，高斯在曲面中引入固有坐标 x_1、x_2，而不是我们熟悉的直角坐标，所以给定表面上的弧长采用通常的毕达哥拉斯形式：

$$ds^2 = dx_1^2 + dx_2^2$$

在其他坐标中将采用以下形式：

$$ds^2 = g_{11}dx_1^2 + g_{12}dx_1dx_2 + g_{21}dx_1dx_2 + g_{22}dx_2^2$$

其中 g_{ij} 是高斯坐标的实函数。另一方面，它检查了在已知图形（例如，球体）的表面上产生的几何形状，并表明它们不是欧几里得几何体。确实，在球体的表面上，“直线”对应于球体中的最大圆。因此，这里没有成对的平行线。给定表面存在欧几里得空间结构，对应于矩阵（g_{ij}）与另一个矩阵的等价关系，其中 $g_{11}=g_{22}=1$，$g_{12}=g_{21}=0$。

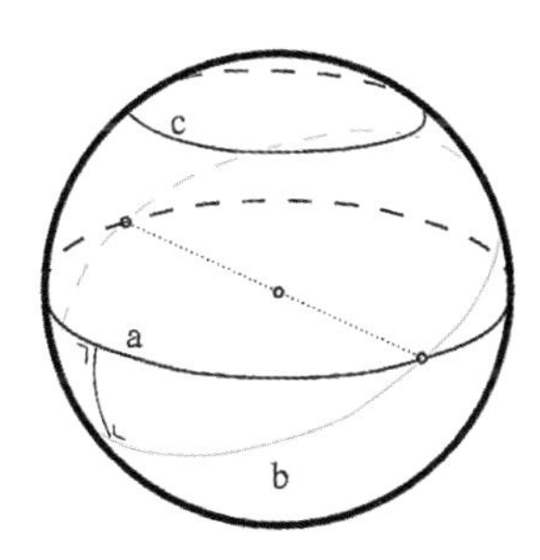

图 29 球体中的两个最大圆 a 和 b 在对应点相交

这些概念在 19 世纪得到了推广，直到 1854 年德国数学家伯恩哈德·黎曼将这个问题推向了顶峰：他的研究中考虑了任意维度的变体。在维数为 n 的黎曼变量 M 中，对于 M 的每个点 x，都有一个大小为 $n \times n$ 的实对称矩阵（g_{ij}），因此相关的二次形式

$$ds^2 = dx_i dx_j$$

是确定的。如果矩阵（g_{ij}）确定非负二次形式（但可以具有向量 v 的零空间且（g_{ij}）v=0 时不为零），则变量 M 是半黎曼式。1908 年，爱因斯坦就读的苏黎世联邦理工学院教授赫尔曼・闵可夫斯基通过维数为 4 的半黎曼变量 M 来从几何的角度重新解释了表示时空的相对论，其中弧元素为：

$$ds^2 = dx_0^2 - dx_1^2 - dx_2^2 - dx_3^2$$

其中 $x_0=ct$，c 是光速，t 是时间。在闵可夫斯基 M 空间的每个点（称为事件）p 点，我们可以将在所有可能的方向上穿过 p 点的所有光线设想为光线组。该组在 p 点由变体 M 构成几何切线空间 T_p，该点由 ds^2=0 的点定义。

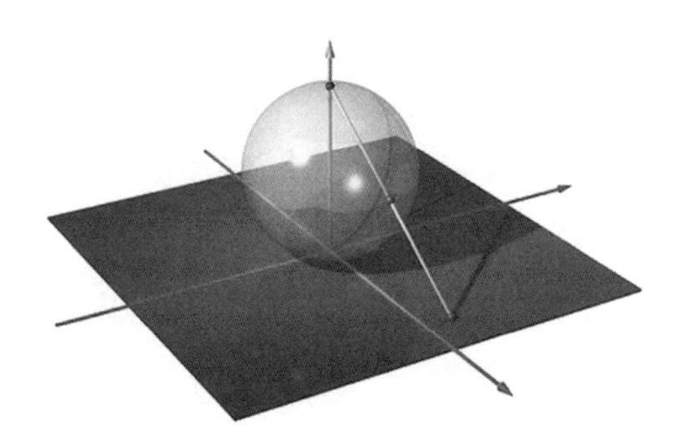

图 30 切线空间的基础是切线空间的对偶，可以用外部微分表示。

$$B_p = \left\{ \left.\frac{\partial}{\partial x^1}\right|_p, \cdots, \left.\frac{\partial}{\partial x^n}\right|_p \right\}$$

闵可夫斯基空间中与某个时间 x_0 相对应的光纤结构，即当时的物理空间，仍然可以得出几种可能的数学解。

1917 年，在完成其广义相对论理论仅一年后，爱因斯坦发现其方程式的解可能暗示着宇宙有限却没有边界。换句话说，根据爱因斯坦的理论，其物理空间是非欧几里得的。

尽管爱因斯坦本人并不赞同闵可夫斯基提出的想法，但是在其相对论科普书籍的附录中（附录名为《相对性与空间问题》，写于 1952 年），他这样说道："从三维空间演变至今的情况来看，我们自然会认为现实世界是一个四维的存在。"

非欧几何由几位 19 世纪的数学家共同发展起来，从卡尔·高斯证明如果改变某些欧几里得的假设就可以构造出一致的演绎几何形状开始。例如，只能绘制一条平行于给定点并穿过给定点的直线的公理可以替换为"可以绘制很多"或"不绘制"。数学家尼古拉·罗巴切夫斯基和鲍耶·亚诺什得出了非欧几里得几何的许多例子，在这些非欧几里得几何中可以构造许多相似点。格奥尔格·弗雷德里希·伯恩哈德·黎曼（1826—1866）开发了另一种无法平行绘制的非欧几里得几何形状。随着非欧几里得几何学领域的流行，分析各种几何图形，包括历次计算的新数学技术被开发了出来。这样，爱因斯坦便有了数学工具来发展他的新物理概念。

狭义相对论是牛顿力学的一个重大突破，但仅涉及运动学。多年来，爱因斯坦一直在寻求对其包括动力学和引力场在内理论的概括。在1912—1914年，爱因斯坦与他的瑞士德国朋友马塞尔·格罗斯曼合作，将非欧几里得几何应用于时空概念，将引力描述为大块物体附近时空几何的变形。这一成果从概念上讲简化了引力，因为不再需要用距离力或作用力来进行描述。但与此同时，描述引力的数学程序却变得更加复杂。尽管如此，万有引力的新理论仍使我们对宇宙学的研究成为可能。该领域近年来的一个研究成果即为爱因斯坦引力场方程，该方程表达了宇宙的一般几何结构。

爱因斯坦完全明白牛顿宇宙学方法所涉及的困难。为了避免无限宇宙的问题，他引入了一个任意常数 Λ，该常数目前被称为宇宙常数。从数学的角度看，该常数的引入是无可挑剔的，因为它是方程式第一次积分的结果，并且为了保留解的一般性质，必须将这一常数保留下来。最初，爱因斯坦排除了它，因此其理论没有应凭经验确定的新常数。但是，如果常量为空值，那么就无法找到静态的宇宙模型。显然，他对新常数的厌恶程度小于非静态模型。事实的确如此，爱因斯坦在1917年写道，“仅在产生物质的准静态分布时才需要使用该常数”。

由常数 Λ 构成的引力项与随着距离增加的排斥力对应。因此，根据爱因斯坦的观点，两个物体将被与距离的平方成反比（与 $1/r^2$ 成正比）的力吸引，同时，它们将被与距离呈线性增加

（与 a、r 成正比）的力排斥。因此，存在某个距离，使得两种力可以相互抵消。 如果 Λ 足够小，那么在太阳系和银河系的水平上，其影响将是难以察觉的；只有在宇宙尺度上，Λ 的影响才会显现出来。

尽管常数 Λ 解决了一个问题，但其模型并不能排除其他问题。弯曲空间中的封闭宇宙使爱因斯坦能够解决与无限宇宙有关的问题。无限宇宙中的时空结构服从于非欧几里得几何形状的有限，允许对宇宙学模型进行静态求解，而不会遇到其他模型的问题。

什么是弯曲的时空？ 在二维几何形状中，球形盖就是一个例子。生活在球体表面的一个扁平生物可以用很多种方式来确定其所处世界的几何性质：它可以制作一个三角形并测量其内角，并有可能十分惊讶地发现三个内角之和超过了 180°。当他去查询几何相关的书籍时（当然是平面的书籍），他会意识到自己生活在一个弯曲的球形二维世界中。爱因斯坦的宇宙是弯曲的、球形的，因此如果我们始终沿相同的方向行进，就会回到起点。

在作为双曲线抛物面（鞍形）一部分的表面上建立的二维世界中，三角形的内角之和小于 180°。原则上，如果我们生活在二维世界中，那么只要画一个三角形并测量其角度，马上就会知道该世界是平坦的、球形的，还是双曲线形的。因此，原则上通过该方法可以证明地球表面不是平坦的。1917 年，荷兰天文学家威廉·德·西特[1]求解了爱因斯坦方程，并获得了三个宇宙模型：第一个是爱因斯坦模型；第二个是具有宇宙常数 Λ 的无质量宇宙模型，代表具有红移（扩展）但没有质量的宇宙；第三个模型既没有质量常数也没有宇宙常数。无质量（$\rho=0$）且 $\Lambda \neq 0$ 的德西特模型是爱因斯坦宇宙的一个有趣变体。

1922 年，俄罗斯科学家亚历山大·弗里德曼（1888—1925）发表了爱因斯坦方程组更一般情况的解。弗里德曼接受宇宙的曲率可能随时间变化的趋势（爱因斯坦和德西特都没有做到这一点），之后，在 1924 年，他在德国杂志上发表了一篇关于宇宙膨胀和收缩的文章，尤其对负曲率的宇宙进行了研究，证明了它们可能包含物质，从而避免了德西特空宇宙的难题。弗里德曼于 1925 年早逝，其工作也再未能有任何进展。1927 年，比利时的耶稣会教徒乔治·勒梅特（1894—1966）发表了对德西特模型的评论，并开发了与弗里德曼模型非常相似的模型，但允许膨胀、收缩和宇宙常数存在。勒梅特曾于 1923—1924 年在英国爱丁顿学习，之后曾于美国哈佛大学天文台发表演讲。勒梅特模型是最

---

①威廉·德·西特（生于1872年5月6日，卒于1934年11月20日），荷兰数学家、物理学家和天文学家，出生于荷兰斯内克。德·西特曾在格罗加加大学学习数学，并为其天文实验室工作。1897—1899年，他在南非中央天文台工作。1908年，德·西特被任命为莱顿大学天文学教授。自1919年起直到去世，他都担任着莱顿天文台台长的职务。德·西特在物理宇宙学领域作出了重要的贡献。1932年，他与阿尔伯特·爱因斯坦共同撰写了一篇作品，认为可能存在大量不发光的物质，也就是我们现在所说的黑洞。同时他提出了德西特宇宙这一概念：这是爱因斯坦的广义相对论的一个解决方案。在广义相对论中，没有任何物质和宇宙常数是正的。德·西特还以对木星的研究而闻名。他于1934年11月20日在莱顿去世。

广义的模型，可以从爱因斯坦方程式导出。

1934年，爱德华·亚瑟·米尔恩（1896—1950）和威廉·H. 麦克莱（1904—1999）意识到，可以利用牛顿力学来重塑弗里德曼和勒梅特模型的主要特征。与广义相对论的精确公式相比，该公式非常简单，参见本书附录1。

时间的相对论膨胀

时间膨胀效应是相对论所预测的一种物理现象，两位观察者拿着两个一样的时钟（两个时钟在物理上完全相同），其中一位观察者发现另一个人的时钟比自己的钟走得慢。这种情况下，我们通常认为是别人的钟“慢了下来”，但这种描述只有在该观察者参考系中才是正确的。从局部来说，时间总是以相同的速度前进。时间膨胀现象适用于任何随时间变化的过程。

在爱因斯坦的相对论中，时间膨胀现象则体现在如下两种情况下：

- 在狭义相对论中，如果时钟相对于惯性参考系（即假设静止不动的观察者）进行运动，则其走时会更慢。洛伦兹变换准确地描述了这种现象。
- 在广义相对论中，受强引力场（如行星附近的引力场）影响的时钟走时更慢。

在狭义相对论中，时间膨胀是相互的：两个时钟彼此相对运动，对于每个时钟而言，“另一个”时钟都是延迟的（前提是假设双方的相对运动是统一的，也就是说在整个观察期间，任何一方都不会相对于另一方加速）。

相比之下，时间的引力膨胀（据广义相对论考虑）则并不是相互的：位于塔顶的观察者发现地面上的时钟走时更慢，而地面上的观察者也会同意这一说法。如此一来，对于两个静止的观察者而言，他们所体验到的时间的引力膨胀是相同的，并不会因为观察者所处高度不同而存在差异。

哥德尔解

广义相对论也为一些其他理论提供了可能性——它能够从相对论的角度充分描述“地球引力”。相对论对引力的解释是，物质将其周围的空间和时间“弯曲”。这种曲率特性则为时间旅行开辟了全新的可能性。

爱因斯坦方程式有许多种解，其中一种解中时间线呈圆环状（时间绕圆周前进，并在行驶一周后回到起始点，即回到过去）。其中第一个解，也是最著名的一个被称为哥德尔宇宙，由库尔特·哥德尔所发现，尽管这个解授予了宇宙某些与现实宇宙不符的物理特性。广义相对论本身并不禁止闭合类时曲线（closed timelike curve 的字面翻译），它可以出现在方程的解中。然而大多数物理学家认为如果要对闭合类时曲线进行完整且确实的描述，首先有必要对其条件做出正确的解释。由于闭合时间曲线具有矛盾含义（例如，其假设的反因果关系，即旅行者回到过去时会对过去的现实产生影响，继而改变现在的现实），如果不满足附加条件，那么出现这种情况的可能性就为零。

时间扩张速度

狭义相对论中，用于确定时间膨胀的公式为：

$$\Delta t = \gamma \Delta t_0 = \frac{\Delta t_0}{\sqrt{1 - \frac{v^2}{c^2}}}$$

其中 Δt 是相同两个事件之间的时间间隔，由另一个观察者相对于第一个观察者以速度 v 进行惯性运动而测得；Δt_0 是在某些惯性系中，两个对于观察者而言“同位”的事件之间的时间间隔（例如，时钟走秒的次数）；v 是两个观察者之间的相对速度；γ 也被称为洛伦兹因子。

如此，对于移动中的时钟而言，其时钟周期的持续时间增加了：它“走时更慢了”。

可以看出，该效果对于相对速度或重力的影响呈指数增长。在日常生活中（或即使在太空旅行中也是如此），这种变化的数量级太过微小，导致所产生的时间膨胀完全检测不到，甚至把它们完全忽略掉也毫无问题。该现象仅在那些运动速度接近于

30,000km/s（光速的 1/10）数量级的，或者滞留在大型恒星的强引力井内部的对象上，才会显现出重要的影响。

约瑟夫・拉莫尔（1897 年）预测到了洛伦兹因子的时间膨胀（至少在绕原子核运动的电子方面是这样）：各个电子绕其相应轨道运行，其用时对于系统的其他部分而言是极短的（根据 γ 理论）。

广义相对论预测，若有静止的观察者 A、B 在同一行星表面上，B 所在地的高度更大，则 A 测得的原时将小于 B 测得的原时。那么，在一颗具有球对称性且质量为 M、半径为 R 的行星上，观察者 A 和 B 测得的原时之间的关系为：

$$\left(\frac{\Delta\tau_A}{\Delta\tau_B}\right)^2 = \frac{1 - \dfrac{2GM}{c^2(R+h)}}{1 - \dfrac{2GM}{c^2 R}}$$

其中 h 是 B 相对于 A 的高度。对于位于地球表面的观察者 A、B 而言，A 与另一高度处的 B 之间的相对时间膨胀非常小。（在地球上，G=9.806 m/s^2 是表面重力的加速度，R=6.371 × 10^6 m 是地球半径）因此，对于处在地球表面上的观察者而言，站在平地上和站在地球最高点上的时间差实在是微不足道的。

时间膨胀理论已被证明了无数次。在粒子加速器上进行实验的例程（如 20 世纪 50 年代以来在欧洲核子研究组织进行的实验）即是对狭义相对论时间膨胀理论的连续测试。相关其他实验还有：

- 艾夫斯和史迪威（1938年、1941年），“对移动时钟节奏的实验研究”，分为两个部分。该实验测量了阴极射线发射的辐射的多普勒效应：从正面直接观察和从背面观察时，高频和低频与经典值预测的频率不同。
- 罗西和霍尔（1941年）比较了在山顶和海平面观测到的宇宙射线所产生的μ介子的数量。
- 庞德和雷布卡（1959年）在低海拔处（地球重力场相对更强的地方）发出的光束的频率中测出了轻微的重力红移，其结果与广义相对论预测的值相差10%。在此之后，庞德和斯尼德（1964年）测出了一个仅与时间引力膨胀的预测相差1%的结果。

时间之箭问题

我们总是认为时间的流逝是我们个体意识的一部分，因此无论采用物理还是数学的定义，似乎都不足以描述这一现象。我们能感受到时间在流逝——它在“流淌”。但是时间的运动意味着什么呢？我们将运动定义为相对于时间的位置变化，但是时间又是相对于什么在运动呢？

过去、现在和未来之间的区别属于我们对于世界的固有认知，也是一个非常关键的部分。我们发现，自然界的物理定律在时间上基本是对称的，只有很少的例外。也就是说，如果我们拍摄一个典型的物理事件（例如，两个台球的碰撞）并将其倒序播放，我们在观看时不会发现任何异常：这个过程在时间上是可逆的。但是，日常生活中的事件是不可逆的：如果把鸡蛋掉在地上、摔成碎片的过程反过来播放，观看者将感到十分荒谬。1854年，路德维希·玻尔兹曼首次将该物理问题纳入考虑范围，即解释如何从对称物理定律（当时称为牛顿力学定律）推导出时间之箭的方向。

Ludwig Boltzmann

图 31　路德维希·爱德华·玻尔兹曼（1844 年生于维也纳，1906 年卒于意大利杜伊诺）。是一位奥地利物理学家。他是统计力学领域的先驱，创造了玻尔兹曼常数，阐释了热力学基本概念，并从概率论的角度（宏观和微观状态之间的关系）提出了熵的数学表达式。他在一次抑郁症发作时结束了自己的生命，在他的墓碑（其坟墓位于维也纳）上刻着熵的公式：$S = k \log W$。

当时，物理学家赫尔曼·冯·亥姆霍兹（他也是一位医师）运用不久前阐明的第二热力学原理（据该原理，封闭系统的熵永远不会降低）并预言“宇宙正在消亡”。熵[①] 表面上是无序的量度，因此上述定律预测宇宙向着最大熵状态（称为热力学平衡）

①更正式地说，在系统的每个闭合路径 C 中，都可以实现，其中 Q 是系统与其他源交换的热量，T 是每个点的温度，并且积分是沿着路径 C 进行的 。且存在函数 $S(x)$ 在系统中的各个点取非负值。函数 $S(x)$ 是点 x 的系统熵。具有大量粒子的系统的统计解释：如果 $P(x)$ 是系统状态 x 存在的概率，则 $S(x)= k \ln P(x)$，其中 $k = 3.29 \times 10^{-24}$ cal / degree，是玻尔兹曼常数，ln 是自然对数函数。

图 32　赫尔曼·冯·亥姆霍兹（1821 年生于波茨坦，1894 年卒于夏洛滕堡），德国物理学家、医师。1843 年，他被分配到波茨坦医院工作了五年，在那里对肌肉收缩过程中的热量产生进行了研究，并证明热量不是由血液或神经运输的，而是由肌肉本身产生的。1847 年，他在论文中推出了一种机械等效的保热方法。1863 年，亥姆霍兹于柏林出版《关于音调的感觉——音乐理论的生理基础》一书，再次证明了他对感知物理学的兴趣。这本书在 20 世纪的音乐学家中产生了影响。

的无序衍化。但是，由于力学定律无法区分过去和未来，那么时间中的优先方向是如何出现的呢？

惠特罗指出了时间之箭悖论解决方案的实质：“众多试图分析时间本质的尝试表明，我们最终必须从宇宙学的角度来看待时间。归根结底，时间是宇宙与观察者之间关系的基本属性……对时间箭头的最终解释只能在宇宙学中找到。”

热力学上的时间之箭有很多种表现形式：从日常事件（例如，鸡蛋的掉落和碎裂）到不那么明显的事件（例如，空气分子在房间中保持均匀分布，而不会集中在房间的某个角落，导致人

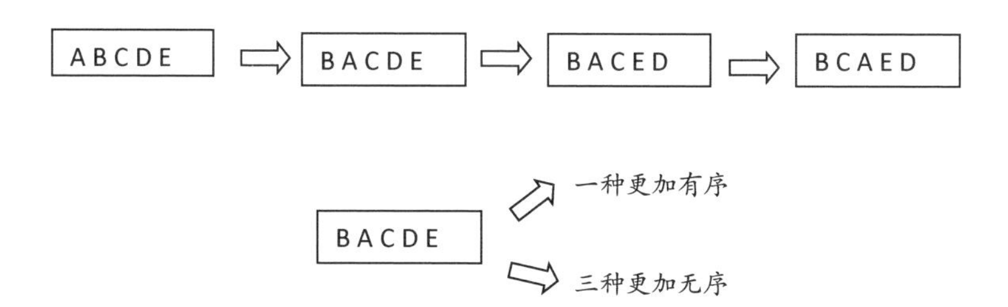

图 33　假设存在一个包含 5 个字母的宇宙，该宇宙有 5！ =120 个可能的状态，且随时都可以通过更改两个相邻字母的顺序来改变宇宙的状态。宇宙状态的阶数被测量为返回初始 ABCDE 状态所需的步骤数。处于 BACDE 状态的宇宙可以通过一个步骤以四种可能的方式进行转换，其中三种顺序与顺序 BACDE 相比更加混乱。那么，EDCBA 状态在进行转换时，只有可能转换为更加有序的状态。

们窒息而死）。在这两种情况下，宇宙的无序度增加的同时，其熵也在增加。最公认的解释是，热力学原理是更基本的概率原理的结果。实际上，使一个系统陷入混乱的方法要比使其有条不紊的方法多得多。而对同一个系统而言，现在的状况也很可能比一小段时间之前更加混乱。

确认系统的熵（作为阶次度量）会在未来增加的唯一方法是从过去的低熵值开始（只需要考虑减少的情况即可，因为如果系统的初始熵值就达到最大，则不可能存在一个“未来”的情况：熵不会减少）。这样，如果用热力学第二定律来考量宇宙初始状态的话，在宇宙大爆炸时，熵值可能是很低的。

在玻尔兹曼的时代，展开关于宇宙的熵和时间之箭的哲学讨论是极其困难的。玻尔兹曼的气体动力学理论以原子和分子的存在为先决条件，但几乎所有德国哲学家和大部分德国科学家都不承认它们的存在。1890 年之后的几年中，玻尔兹曼试图建立起一个折中方案：他使用了赫兹的理论，即原子只不过是比尔德(Bilder)，这是有用的现实模型。然而没有人对这种尝试表示满意。奥斯特瓦尔德试图驳斥原子的存在，以此作为解释热力学第二定律的基础。另一方面，一些人将赫兹的理论解释为对电磁现象的连续暗示。这样的议论使玻尔兹曼异常沮丧，不久后他便辞职并自杀了。

时间的感知

在节奏成为严格描述的单词的情况下，时钟会被赋予功能的含义。它指的是一种测量时间的设备，具有主要环境变量的独立性，因此需要同步的可能性。[①]

——科林·皮特里格和维克托·布鲁斯

在一片新的知识领域中，围绕着时间及其感知的概念，物理、数学和心理学被联系在了一起。这片知识领域正处于发展的初期。在 20 世纪中叶，人们开始对系统状态与系统中所包含的可传输信息量之间的关系做出猜测。这些想法中的一大部分至今仍未过时。

如果一个系统本质上表现出有组织性的特征，那么我们可以判断出该系统包含信息，且越有序的系统包含的信息越多。正如我们之前所说，在热力学中，当系统趋于平衡，即达到最可能的

①科林·皮特里格和维克托·布鲁斯：《生物钟的振荡器模型》，普林斯顿大学出版社 1957 年版。

状态时，也将变得更加无序。由此我们得出结论，无序状态的可能性和信息的缺乏是相互关联的。在这种定性的观点上，可以说系统的熵是通过改变其组织来改变的，从而导致系统所包含的信息量发生了变化。

信息论是数学的一个分支，由克劳德·香农于 1948 年提出。其含义是希望能够测得所接收消息 a 中所包含的信息量。消息 a 出现的概率为 $p(a)$，因此假设两个消息 a 和 b 具有相同的概率 $p(a)= p(b)$，则在该情况下获得的信息量似乎是相同的。由此，我们获得了一个函数 $I(p)$，该函数表示接收到可能为 p 的消息时获得的信息量。该函数[①] 必须满足两个基本规则：

- $I(p)$ 是区间 $[0,1]$ 中 p 的递减连续函数
- $I(p_1 p_2) = I(p_1) + I(p_2)$

准确地说，熵和信息之间的关系究竟是什么？关于这个问题，埃尔温·薛定谔于 1944 年在其著作《生命是什么》中第一次提出了一些有趣的想法。我们已知，熵 $S = k \log D$，其中 D 是系统原子无序的定量值。等效地，$-S = k \log 1/D$，即熵负是无序逆的定量值。举个例子，一杯茶中糖的扩散表示无序 D 的增加，也就是说，当我们倒入糖时，杯子中熵的增加表示初始秩序的

①这是一个简单的数学论证，意为 $I(p) = -K \log_2 p$，其中 K 是一个正常数。

减少。

正如我们在上一段中所说，系统中的信息量与它所处的状态的概率有关。薛定谔在其公式中得出的结论是，系统信息 $=I_0$，其中 I_0 是系统在某种状态下可包含的最大信息。举例来说，在一个晶体当中，当温度为绝对零度时 I_0 就会出现。

毫无疑问，我们对时间流逝的感知与大脑所记录的信息量有关，但也不仅仅与大脑有关。一个系统中包含的信息可以通过多种方式被接收并存储在不同的实体中：在细胞的 DNA 中、在树皮中、在书本中、在博物馆中。因此，对于每个生命体而言，根据其从外界获得的信息的不同，对于时间流逝也有着不同的理解。也就是说，对于每个人而言，决定时间流逝的数学函数都是不同的，而这个函数就是我们每个人的“生物钟”。

重复实验（对于人以及动物的实验）和我们的日常经验表明，人对一个时间间隔所持续时长的感知取决于其所处的环境。如果在这段时间中接收到的信息量较大，人就会感觉“时间过得很快”。在感觉隔离实验中，参与实验者仅能接收到来自自己身体的自然感觉，结果他们感觉到时间变慢了（一个时间间隔所持续的时长变大了）。人们对于该类型的动物实验记录同样进行了反复研究。[1]

科尔曼[2]将生物钟定义为“能够测量生物体内时间流逝的先天生理系统”，他描述了一个类似于沙漏的时间间隔计时器。据推测，该定义还应包括由一些研究昼夜节律的学者所发明的生物钟的概念，即一个时长约24小时的周期性事件。这种生物钟的特点比简单的间隔计时器更进一步：

首先，其中心思想为该系统是内生的，也就是说，该系统是存在于生物机体中的。虽然这种说法一直饱受争议，但它确实可以解释不同动物能够建立不同生物节律（均接近24小时）的现象。其次，科尔曼认为生物钟应该与温度无关，这也意味着生物体内部存在补偿机制。许多研究人员将生物钟视为具有连续记忆的秒表，就像蜜蜂具有时间记忆一样（Zeitgedächnis）。最后，为了成为一个对生物体有用的系统，生物钟必须具有重启（重置）机制，以便与外界同步。

人们会自然地认为生物钟起源于进化。实际上，环境中本就存在可以按周期运行（或对周期进行预测）的时钟。根据本林[3]

---

①不存在完美的时钟。当与外界信号隔绝时，生物体会产生不以24小时为周期的“自发性节律”。受试动物逐渐脱离自然，变得不符合自然规律。在长时间隔离实验中，可以观察到受试者保持着饮食与睡眠的时间规律，而该时间表在慢慢脱离自然作息规律。这种偏移在正常情况下并不会发生，因为外部信号每天都会帮我们重置一遍我们的内置时钟。这些外部信号中最重要的是阳光，另外，还有许多生物体可以利用温度的节律变化或其他感官上的刺激来重置其内部时钟。但当计时出现了巨大偏差时，人体可能需要几天的时间来完成重置的过程。这个现象在长途旅行的旅客身上十分常见，我们将其称为“时差”。

②科尔曼·R：《凌晨三点醒来：是选择还是偶然？》，弗里曼出版社1986年版。

③欧文·本林：《心理钟》，施普林格出版社1973年版。

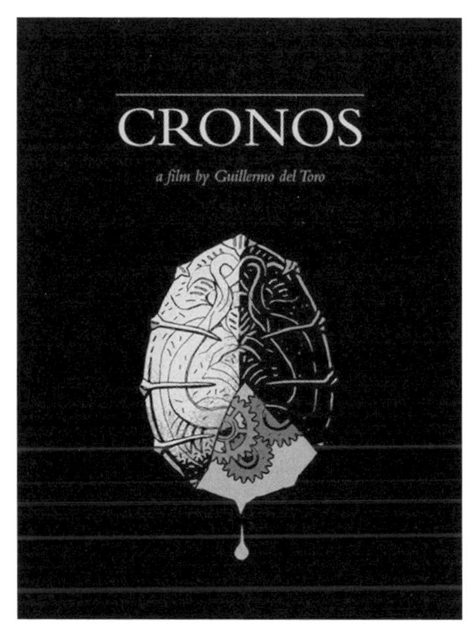

图 34　电影《魔鬼银爪：时间的发明》海报

的说法，生物只需从其体内现有的许多种生化或生物物理循环中选用一个以 24 小时为周期的循环即可，不必“建造”一个生物钟。

《魔鬼银爪：时间的发明》，是由吉列尔莫·德尔·托罗于 1992 年编剧并执导的墨西哥恐怖片。这部标题诱人的影片是该名导的主要作品，也是他首次与两位他极为欣赏的演员（日后均有着频繁的合作）合作：阿根廷的费德里科·鲁皮和美国的罗恩·珀尔曼。1535 年，一位炼金术士建立了一种特殊的装置，并将其封装在一个金甲虫形小物件中。该装置旨在为主人带来永生。1997 年，一位名叫耶稣·格里斯的古董商发现了这个装置。

在格里斯检查这个装置时，它突然间伸出了小的“蜘蛛腿”，紧紧抓住了格里斯，而上面的针头则将未知的溶液注入了他的皮肤。影片观众能看到甲虫渗出了液体，而格里斯却对这些细节一无所知。他只发现这个装置吸了他的血，而他却拥有了无穷无尽的健康活力，简直像是返老还童：他皮肤上的皱纹不见了，头发长长了，且性欲也有所增强。但与此同时，他也感受到了对鲜血的渴望。这种渴望最初使他感到恶心，但之后他还是屈服于这一诱惑。

另一方面，一位富有而痛苦的商人迪拉加迪亚知道该装置的存在，且多年来一直在收集有关信息。当他发现该装置被藏在一个雕像中并到了格里斯的手上时，他便派侄子安赫尔来寻找。格里斯为了将装置据为己有，令其孙女共同对抗安赫尔，并不惜让她陷于危险之中。

这部电影在众多恐怖片、吸血鬼电影和科幻电影中颇受好评，在烂番茄上得到了89%的好评率，甚至曾在戛纳电影节上获奖，并跻身历史上100部最佳恐怖片之列 。

作为数学参数的时间

从数学的角度，我们可以得出时间具有物理现实性的结论。但是对于时间的度量是基于惯例的，而对时间的感知则取决于人体内在的一种函数：时间是一个参数 t，采用欧氏空间 E^1 中的值。由此可以得出时间的连续性和线性概念。

时间 t 的定义使得运动看起来很简单。实际上，根据牛顿力学，惯性参考系中的自由粒子以恒定速度沿直线运动。不过，由于时间只是用于测量粒子运动的参考参数，所以我们可以对其进行数学上的修改。例如，参数 $T=t^2$ 可以继续表示作为“时间”T 的函数的粒子的运动，但是在这种情况下，自由粒子不会沿直线

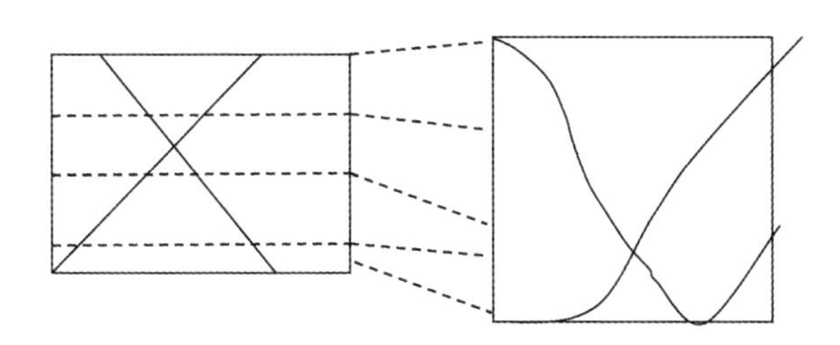

图 35　根据一个“好钟”测得的时间（左），以及在时标非线性转换情况下测得的时间（右）。在左图的情况下，自由粒子沿直线移动；在右图情况下，粒子上仿佛被施加了力。

移动，而自由落体则会以一个不变的“速度”移动！

在数学上，“坏”时钟根据参数 $T(t)$ 测量时间。在该系统中，粒子的加速度由下式给出：

$$\frac{d^2x}{dT^2} = \frac{d}{dt}\left(\frac{dT}{dt}\frac{dx}{dT}\right) = \frac{d^2T}{dt^2}\frac{dx}{dT} + \left(\frac{dT}{dt}\right)^2\frac{d^2x}{dT^2}$$

如果粒子是自由的，则该项被抵消，质量为 m 的粒子的运动似乎受力影响：

$$m\frac{d^2x}{dT^2} = -\frac{\dfrac{d^2Tdx}{dt^2dT}}{\left(\dfrac{dT}{dt}\right)^2}$$

确保没有虚构力出现的唯一方法是使或等效地通过 t 的线性变换来表示 T。而参数 T 的参考框架相对于参数 t 的框架恰恰是“惯性的”。

下面是一个简单但并不常规的示例，该示例汇集了所有我们目前描述的特征。想象一下，一个球在粗糙的地板上滚动，其运动因摩擦而停止。 当球处于温度 T_0 时，我们顺着其路径沿直线对球给出初始速度 v_0，摩擦产生的热量会根据参数 T 改变球的温度。同时，我们假设当球处于静止状态时，其温度保持不变。

在此示例中，我们确认温度 T 作为时间是有效参数。实际上，它也确实满足了连续性和线性要求；“自由”运动仅在球停

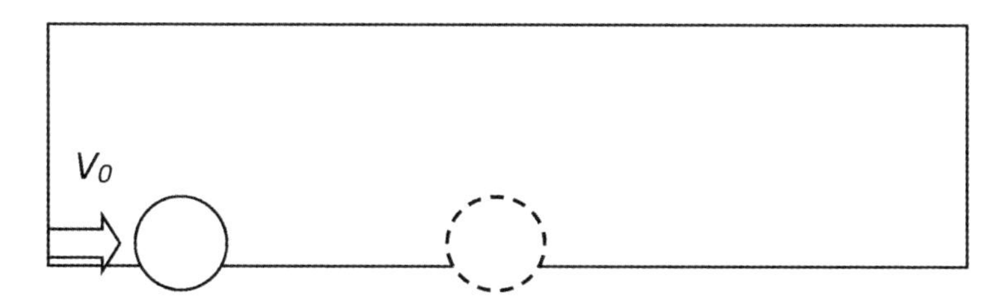

图 36　球测得的时间就是球的温度

下时发生，所以球的温度是恒定的。因此，该参数满足了上述的“简单性”要求。系统的熵函数（通常的熵）不会随着时间 T 的流逝而减小。我们想象一下，如果球具有温度感（而没有其他感觉），那么该球的生物钟实际上会将时间的流逝记录下来。注意，球停止运动时，时间也“停止”了。

第四章

精神时间旅行

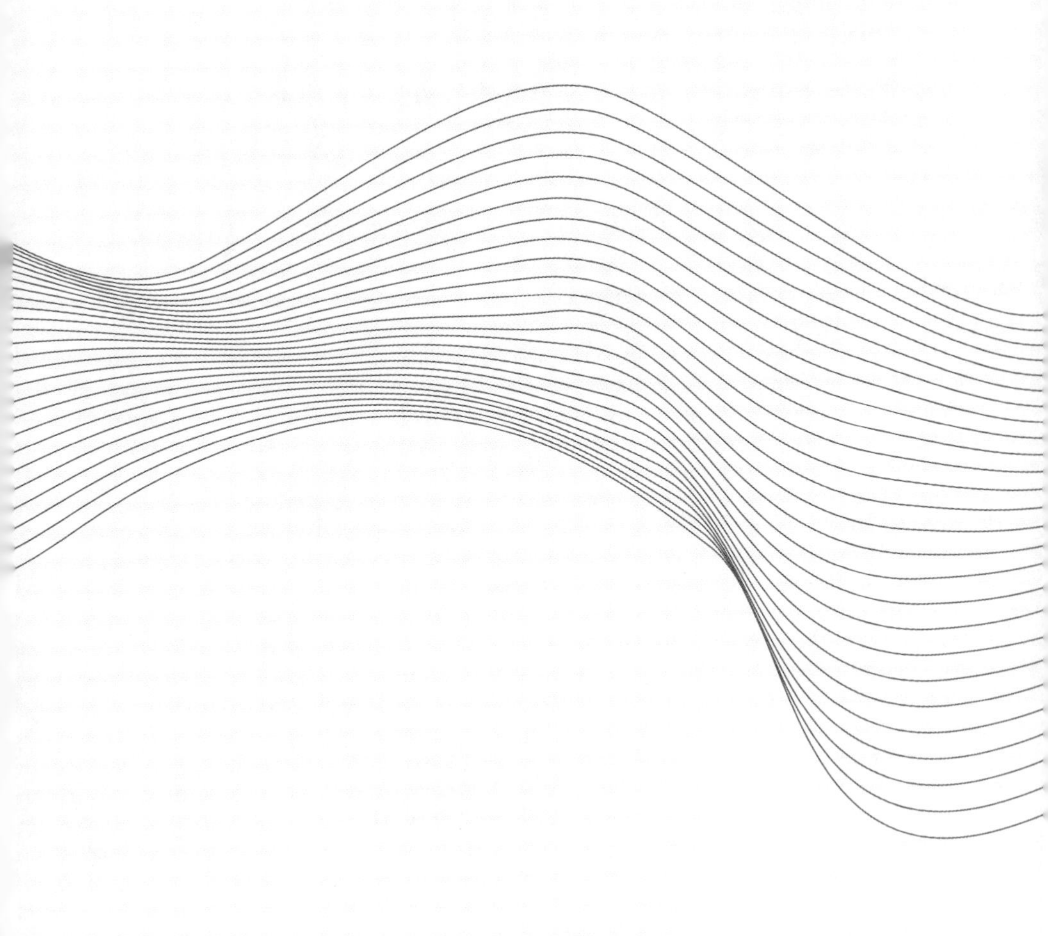

他说道：“什么是时间？ 现在属于狗和猿猴，而永恒属于人类！”

——罗伯特·布朗宁

《文艺复兴时期的葬礼》，第 425 页

物理上的时间旅行也许永远都不可能实现。至少就目前而言，人类只能在思想中进行时间旅行。穿越时间的精神之旅[1]是由澳大利亚心理学家托马斯·萨顿多夫和迈克尔·柯博利创造的一个术语，指的是人类在时间上面向未来或过去的功能（向前回忆过去，或者向后规划未来）。通往过去或将来的旅行都具有现象学特征，而根据磁共振和大脑刺激研究显示，这两种精神旅行会激活大脑的相似部位。

回忆过去的事件在文学中也被称为情景记忆，该行为自古以来一直是人们研究的重点。相反，对于未来可能情节的心理建构直到最近才引起人们的注意。然而，越来越多的人意识到，通往过去和未来的精神之旅之间有着密切的关联，最后的进化优势应在于到达未来的能力。[2]

①萨顿多夫和柯博利，2007 年。

②杜代和卡鲁瑟斯，2005 年上半年；苏登多夫和巴斯比，2003 年下半年、2005 年；苏登多夫和科巴利斯，1997 年；狂热， 2005 年。

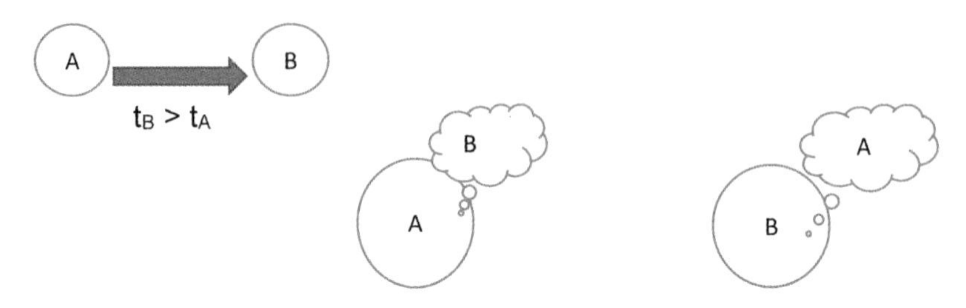

图 37 两个事件 A 和 B 在不同的时间中发生。通往未来的精神之旅：在 A 发生的时间点，受试者想到 B。通往过去的精神之旅：在 B 发生的时间点，受试者想到 A。

时间旅行是当代科幻小说的主题之一（最好不仅仅是精神上的时间旅行）。罗伯特·泽米基斯执导的电影三部曲《回到未来》（1985—1990）就向观众展示了如果时间旅行不仅仅只限于精神层面，会出现什么样的情况。在影片中，由迈克尔·福克斯[①] 所饰演的马蒂·麦克弗莱和克里斯托弗·劳埃德扮演的科学家布朗博士一起进行了物理上的时间旅行，穿越到了过去（第一部）和未来（第二部）。该影片兼具科幻和喜剧元素，讲述了一个少年的历险经历：马蒂在 1985 年（即他本来所处的时代）因为一个意外而被送到了 1955 年，并且在 1955 年的时空里改变了一些过去发生的事情——特别是他的父母相遇并坠入爱河这件事。在此之后，马蒂必须设法再次与父母相遇，以确保自己在未来仍然存在。

① 2000 年，这位患有帕金森氏症的加拿大演员成立了迈克尔·J. 福克斯基金会，该基金会致力于为针对帕金森氏症的研究提供支持。2012 年，该基金会为帕金森氏症研究捐款 2.5 亿美元。据《福布斯》杂志发布，在美国范围内，该基金会已成为仅次于政府的第二大帕金森氏病研究捐助者。

然而，这个故事有自相矛盾的地方[①]：电影中的两个时间 $t_1>t_2$ 在小说中对应的是相同的时间，即 $T(t_1)=T(t_2)$，且 t_1 和 t_2 中的一些元素是不同的（在电影中，就等于是怯懦的马蒂父亲和勇敢的马蒂父亲之间的区别）。

首映后，《回到未来》成为当年最成功的电影，在全球范围内赚取了超过 3.8 亿美元，并获得一致好评。这部电影还获得了雨果奖的“最佳戏剧作品”类和土星奖的“年度最佳科幻电影”奖。2008 年，美国电影学院将其评为有史以来第十部最佳科幻电影。

时间旅行（可能是精神上的旅行）会对人产生很大的影响（即使它们纯粹只是精神上的）。作为梦的一部分，“预知未来”的感觉会给人们留下很深刻的印象。因此，如果存在某种形式的预知能力，由于其能够对“现在”产生影响，在进化上肯定是有利的。在这里，我们不只谈论先验能力（如果先验能力存在，几乎可以肯定地说，它在进化上是有优势的），还讨论一般来说的预期能力。

①时间旅行悖论，或称祖父悖论，由法国科幻小说家赫内·巴赫札维勒于 1943 年在其小说《不小心的旅游者》中首次提出。美国作家马克·吐温在其小说《神秘的陌生人》（在其逝世后于 1916 年出版）中提到过这个概念，尽管该小说不属于“科幻小说”类型。小说情节聚焦于生活中的瞬间：在这些瞬间中，简单的作为或不作为都有可能完全改变生活，而这样的可能是无穷的。假设一个人通过时间旅行，杀死了他的生父的生父（即他生物学上的祖父），并且这一切发生在其祖父遇见其祖母并使她怀孕之前。这样一来，旅行者的父亲 / 母亲（延伸到这位旅行者本身）将永远不会被孕育，因此也将无法进行时间旅行；由于他不会进行时间旅行回到过去，他的祖父便没有被杀死，因此这个旅行者将正常被孕育，然后他可以回到过去并杀死他的祖父，但在这种情况下他又无法被孕育……

因此，经过自然选择后，一些物种已经进化出一种行为倾向，以便更好地利用长期规律（例如，季节性变化）和短期规律（在此方面，拥有良好的生物钟至关重要）。毫无疑问，对于动物而言，如果想要预见将会发生的事情，其所需的最重要的能力便是智力。这是斯坦利·库布里克和亚瑟·克拉克 的杰作《2001：太空漫游》（1968 年）的基本主题。这部在电影史上堪称杰作的科幻电影讲述了人类历史上的不同时期（从外星智力的特殊角度来观察），而且不仅讲述了过去，还预测了未来。

电影的情节已是众所周知（小说已售出超过 300 万册）：古老的外星文明使用大型水晶体调查整个银河系中的世界，并在可能的情况下促进了智力的发展。300 万年前，其中一个水晶巨石出现在非洲，并致使一群饥饿且濒临灭绝的类人猿猴受到刺激，造出了工具。类人猿猴用工具杀死其他动物，最终导致了食物的短缺。它们还用这些工具杀死了一只骚扰他们的豹子。根据原书的思路，巨石是诱导类人猿猴智力发展的工具，将它们引向了更高的水平，从而使它们能够开发和构建简单的工具，提高了狩猎和采集的效率。

之后，这本书跳入了未来——一跃到了 1999 年。当时，弗洛伊德博士通过一个与地球轨道上的空间站相连的航天飞机，前往位于与其同名的陨石坑的克拉维斯月球基地。到达基地后，弗洛伊德参加了一次会议。科学家们在会议上解释说，他们在月球环形山第谷中发现了磁场扭曲。在发掘该地区的过程中，人们发

图 38　电影《2001：太空漫游》海报

现了一块巨大的黑色水晶平板，其尺寸比例极其精确，不可能是自然存在的；又因其已有 300 多万年历史，也不可能是人类铸造的。这是外星智慧存在的第一个证据。弗洛伊德博士和一组科学家决定乘月球渡轮上去观察那块巨石。当他们到达时，正好遇上巨大的黑水晶石发射出震耳欲聋的无线电信号，这种声音一直蔓延到太阳系的边界。根据信号指示装置，这些无线电波的目的地为土星卫星[1] 土卫八，于是博士一行人便派人前往此地进行调查。

①在电影中，土卫八被木星的天然卫星木卫一取代。

小说接下来的情节即 18 个月后的故事。2001 年，在探索一号上（这是一艘专门为此探索木卫上隐藏的东西而建造的最现代的太空舰），大卫・鲍曼博士和弗兰克・普尔是船上仅有的存有意识的人类。另有三位科学家以悬浮图像的形式陪伴他们航行，图像信号在接近土星时被扰乱。第六名船员是人工智能计算机 HAL 9000，负责保持太空舰正常航行，维持船上其他重要功能正常运作。关于计算机名称的猜测有很多。由于它的名字是“启发式编程算法计算机”的首字母的缩写，因此 HAL 是一个虚构的超级计算机。然而，它却是电影中最具魅力的角色。普尔（看似意外）的死亡对鲍曼产生了深远的影响。鲍曼无法确定，机器 HAL 是否杀死了普尔。

在断开 HAL 的信号连接后，鲍曼在等待太空舰接近土卫八（卫星）的过程中，独自一人待了几个月。 他知道自己已经不可能再返回地球：船上的空气过滤器会因减压而损坏，并且如果没有 HAL 监视，他也无法进入休眠状态。当他接近土卫八时，他注意到了星球表面上的一个小斑点，靠近时便发现这是一块黑色水晶石：就像在月球上发现的那一块一样，但是比那一块更大，大约有 1500 米高。

无所顾忌的鲍曼决定走出胶囊（小型宇宙仓），以便仔细观察这块黑色巨石。这块巨石实际上是一道“星球之门”，在它开合的瞬间，将鲍曼卷进门内并被带走了。在地球上，人们听到了鲍曼最后的几句话：“这个洞……没有尽头……而且……天哪！……这里全都是星星！”

鲍曼穿过了一条隧道（理论上是一个虫洞）。[①] 离开时，他遇上了一个大型星际开关。“他正在穿过银河的中央车站。”鲍曼进入了第二条隧道。当他离开隧道时，面对着一个红色的大太阳，旁边有一个小的白矮星。在接近这两个星球时，一切都变暗了。我们目睹了人类的重生（或超人的诞生，伴随着一段音乐：《查拉图斯塔拉如是说》，原德文名为 *Also sprach Zarathustra*，一篇由理查德·施特劳斯[②] 在 1896 年创作的交响乐曲）。

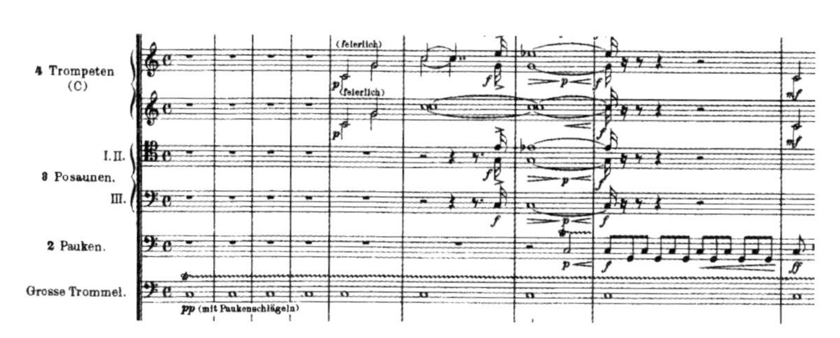

图 39 理查德·斯塔斯作品《查拉图斯特拉如是说》乐谱的开头

①在物理学中，虫洞也称为爱因斯坦 - 罗森桥，是时空的一种假设的拓扑特征（爱因斯坦在广义相对论方程中对其进行了描述），本质上是一个穿越时空的捷径 。 虫洞的至少两个末端连接到同一个“喉咙”，物质可以通过该“喉咙”传播。 迄今为止，尚未发现已知时空包含这种类型的结构的证据。因此，目前虫洞仅是一种科学上的理论可能。

②作者受到哲学家弗里德里希·尼采的同名作品的启发。 其最初的宣传名为《黎明》，在电影《2001：太空漫游》中被广泛使用。尼采在其作品中使用了一种诗意的语言，介绍了先知查拉图斯特拉，Übermensch（超人），并表达了对当时的道德潮流（包括宗教信仰）的反感。

科幻电影还有另一个有趣主题：有些人试图通过“进化”来创造时间旅行者的子种族。1962 年，导演克里斯·马克制作了短片《拉杰泰》(28 分钟)：第二次世界大战结束后，种族的生存取决于时间旅行之上。影片通过使用静态图像而增加了戏剧性张力，除了影片中主角（奴隶）进行通向未来的时间旅行的场景。过去和未来在机场发生了分歧。著名导演特里·古里亚姆执导的电影《十二只猴子》就直接源于这部电影。这是一部令观众感到不安的电影：它直面疯狂，直面对世界的认识问题。

智慧与记忆

做出预测非常困难，尤其是预测未来。

——出自物理学家尼尔斯·玻尔，

但广为流传的是出自尤吉·贝拉的版本

根据西班牙皇家语言学院词典解释，“智力”一词主要含义为“理解或明白的能力”以及“解决问题的能力”。但是，专家认为，关于什么是“智力”尚无公认的定义，因此将该研究领域转化为一个简单的定义并非易事。另一方面，众所周知，智力也与其他心理功能相关，例如，感知或接收信息的能力、记忆力以及存储信息的能力。

尽管智力和记忆并不是一回事①，但没有记忆的实体（无论是动物还是机器）必然没有智力。也就是说，如果实体 E 具有 $m(E)$ 的记忆存贮（以存储单位为单位），则 E 所可能拥有的智力为：

①如博尔赫斯的《博闻强记的富内斯》中的极端例子所表现的那样，奥利弗·萨克斯的作品《错把太太当帽子的人》中的病人一例也阐述了这一点。这可能表明：$\lim_{m\to\infty} i(E)=0$。

$$0 \leq i(E) < \infty$$

如果 $m(E)=0$，则 $i(E)=0$。此外，我们可以假定函数 m 和 i 具有连续性。我们好奇的问题是，记忆（储存的信息）如何生成智力——在这里我们将智力理解为预测已知现象的能力。

在许多情况下，与预期事件相关联的记忆是隐藏的或非声明性的。之所以这样说，是因为对于人类而言，这些内容无法被声明或被语言化。例如，通过有条件刺激（如声音）的关联，受试者可以预测无条件刺激（如食物）即将发生，并触发受试者对于此事件的反应（如流涎）。因此，在操作条件中，行为反应会预测一定的结果（奖励）。换句话说，生物体利用联想来预测未来，越来越多的文献正在致力于研究这种神经生理学过程。（奥多尔蒂，2004 年；舒尔茨，2006 年）。

“声明式记忆”拥有更大的灵活性，因为它们也可以被自愿“触发”。在人体中，这些记忆中至少有一部分是可以被意识到且表达出来的（图威，1985 年；2005 年）。声明式记忆可分为语义记忆和情节记忆。

恩德尔·塔尔文

塔尔文是一位加拿大的认知心理学专家。在 20 世纪 50 年代和 60 年代，行为主义者的“黑匣子”理论应运而生。该理论意为由于人类不可能通过科学方法来研究自身思想，所以思想是无法被研究的。塔尔文认为，想要获得客观知识，“内省”是无效的，使用科学方法才是有效的。

塔尔文是第一个假设记忆有两种类型的人，他将记忆分为语义记忆和情节记忆。前者是指一般意义上存储信息的能力，后者是指有意识地记住那些本就存在于我们记忆中的发生过的事件的能力。1995 年，他提出了一个基于五个系统的记忆组织模型：工作记忆、情景记忆、语义记忆、程序记忆和知觉记忆。他的想法及发现对记忆理论产生了巨大影响，也改变了医学上对于记忆障碍患者的临床实践。

语义记忆包含我们所说的常识，且在自愿的情况下可以转移学习。“语义记忆”这个术语是指我们记忆中事物的意义、对事物的理解和其他的概念性知识，与特定经验无关；是指我们有意识收集的关于世界的事实信息和常识，而与背景知识和个人经历无关。情景记忆是与自传性事件（包含时间、地点、相关情感和其他背景信息）有关的记忆，可以明确地回想起来。

研究者们基于对脑损伤病人的实验研究得出了一个结果：现象学意义上的记忆（或塔尔文[①] 所谓的自我认识意识）与事实记忆有所区别——前者是例如“我们在何时何地如何得知惠灵顿是新西兰的首都”，后者则是诸如“惠灵顿是新西兰的首都”这样

①塔尔文，2005 年。

的事实信息。因此，健忘症患者能够在遗忘有关该信息的过去事件（如信息来源和获取方式）的情况下，记住事实信息（如新西兰的首都是惠灵顿）或程序信息（如如何下棋）。情景记忆则涉及对过去事件的重建：这是一次通往过去的心理之旅。这个概念同样可以扩展到未来：根据过去的经验，我们可以想象未来的特定事件。因此，通往过去和未来的心理之旅可能包括相同类型的特定事件。

我们对时间本身的概念和对过去与未来连续性的理解，可能都建立在对于回到过去的心理之旅的重构和对通往未来的精神之旅的窥探之上。心理时间旅行使我们能够想象连续时间的不同部分中所发生的不同事件（即使我们对上述这些概念毫无了解），甚至能够想象我们出生之前或死亡之后发生的事情。在这一点上，我们与其他动物无疑有着很大的区别：我们拥有对死后发生的事情进行思考和想象的能力[①]。

在进化出能够进行心理时间之旅的能力的过程中，自然选择必然起了作用，也就是说，心理时间之旅必然有利于人的生存或繁殖。对此，苏登多夫和巴斯比[②] 提出，心理之旅增加了人类行为的灵活性。这句话可以理解为：通过心理时间之旅，人们现在所进行的活动加大了其未来生存的概率。 例如，一个人在准备

①这种说法并不意味着动物无法想象未来发生的事件。例如，实验表明，猫在看着一只老鼠时，会想象自己猎捕这只老鼠的场景。

②苏登多夫和巴斯比（2005 年）。

一场工作面试时，可以想象别人可能会问的问题并提前准备好答案。如果这些论点是正确的，那么通向未来的心理之旅将提高我们未来的生物适应能力（biological fitness）。换句话说，通往未来的心理之旅提升了个人的智慧。

为了确定一个行为是由心理时间之旅引起的，有必要消除偶然性、先天倾向和语义预期等因素（及这些因素的组合）。苏登多夫和巴斯比推断，心理时间之旅的选择性优势是使人类具有灵活性：可以在面对新情况时做出合适的反应（也就是我们所说的“智慧”）。

物理上的时间旅行

根据相对论的常规描述，物质粒子在穿越时空时，在时间上会向前（朝未来）移动，在空间上会向其一侧或另一侧移动。总能量和质量为正的事实与粒子向未来移动的事实有关（在量子力学中，时间符号或负质量的变化是可比较的）。

相对论的其中一个论点为：人以接近光速的速度行进会引起时间膨胀，而对于这个（以光速运动的）人而言，他的时间则流逝得更慢了（该论点已被实验证实）。从旅行者的角度看，“外部”时间似乎流动得更快，造成了人穿越时空的印象。然而，这种现象本身并不是我们通常所说的时间旅行。

时间旅行的概念经常被用来检验诸如狭义相对论、广义相对论和量子场论等物理理论的推论。尽管没有实验证据证明时间旅行的可行性，但确有一些重要理论认为时间旅行在某种程度上确实可能存在。无论如何，在当前的物理学理论框架下，时间旅行是可能的。当前的物理学理论认为，“时空”就是我们普遍意义上认知的时空，其中并没有“封闭的时间线”。

祖父悖论的量子解[1]

著名英国物理学家斯蒂芬·霍金曾在《每日邮报》杂志上发表了一篇文章，并根据当前的物理学理论对进行时间旅行可能的方法下了定论：虫洞扩大，人们可以（至少理论上来说可以）通过黑洞周围的轨道以光速旅行，回到过去或通向未来。

然而，想要让时间旅行成为现实，除了要克服技术困难以外，还存在另一个严重的问题。这个问题也就是所谓的“时间旅行悖论”或“祖父悖论”。

麻省理工学院一位名为塞斯·劳埃德的科学家声称，如果利用量子物理学的某些特性来开发时间机器，则该时间机器将可以克服祖父悖论陷阱。劳埃德的文章在《连线》杂志上出版。在文章中，他提出了一种时间旅行模型，明确地解决了祖父悖论的矛盾问题。

这个模型被称为“后选择”模型，建立在所谓“后选择”的

①来自博客“Quantum Rd”中的文章：《科学家解决了一个阻止时间旅行实现的悖论》，2016 年 4 月。

图 40 左图为麻省理工学院科学家塞斯·劳埃德；右图为以色列科学家阿莫斯·奥里

基础上：量子物理学由于其概率值所提出的发展计算而忽略某些结果的可能性。即，后选择将仅允许产生预定结果的那些变量成为特定方程式的一部分。

以时间机器为例，该模型将暗示临时旅行者无法自由穿越到过去，但是帮助他穿越时间的机器将被预先调试好，以便执行特定的动作。这样一来，（不论其他悖论）至少可以确保时间旅行者无法找到并杀死他自己的祖父。劳埃德指出，只要略微改变时间旅行的初始条件，自相矛盾的情况就不会发生。

《技术评论》杂志刊登了劳埃德及其合作者于 arXiv（译者注：一个收集物理学、数学、计算机科学与生物学论文预印本的网站）发表的文章，其中详细解释了其理论的其他方面。

科学家认为，如果将后选择与粒子物理学的另一种奇妙特

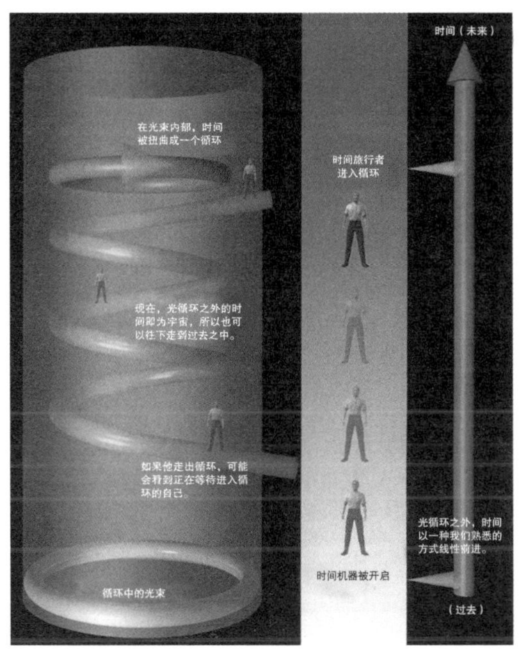

图 41 基于爱因斯坦相对论的方程使我们能够通过一束循环光观察到时间曲率（来源：罗纳德 ·L. 马雷特）

性（被称为“量子隐形传态”）相结合，则可以制造出免于悖论效应的时间机器。量子隐形传态的概念可追溯到 1993 年。当时，人们发现一个物体的量子态，即其最基本的结构，在理论上可以从一个地方传到另一个地方，且粒子并未从其原始位置移动。这种传输确实是可能的，因为传输的是粒子的结构，即粒子的最终本质，而不是物质——物质在整个过程中从开始到结束都保持静止。在量子水平上，远距离传输的可能性已得到证明。

由于量子隐形传态利用了被称为“量子纠缠”的量子特征，该特征允许量子态在先前存在于其他地方的空间（量子粒子的基本结构）中再现，劳埃德及其合作者指出：可以将“后选择”应用于这个过程中，使其倒转方向——通向过去。

这种可能性将使时间旅行不再需要某些时空条件，例如，霍金解释的那样：时空失真仅发生在黑洞和虫洞之类的地方，同时，以光速行进时也会发生时空扭曲。

尽管时间旅行似乎是一个典型的科幻小说题材，但其实它也是科学家们多年研究的问题。以色列科学家阿莫斯·奥里于2007年提出了另一种关于回到过去之旅的理论模型。根据他的计算，一个时空回路可以仅由普通物质和正能量密度构成。这个想法是基于所谓的时空曲率的增加——直至导致时间箭头卷曲，并与自身重合形成一个循环。

2006年，来自康涅狄格大学的物理学家罗纳德·马莱特设计出了一种时光机原型，该机器可以利用激光形式的光能弯曲时间。为了阐述其时光机的运作理论，马莱特应用了基于爱因斯坦相对论的方程式，利用一束通过设置镜子和其他光学仪器所获得的循环光来观察时间曲率。2004年，物理学家保罗·戴维斯在一次专家会议上重申：“研发时间机器是金钱的问题，而不是物理学的问题。”换句话说，如果对该领域研究进行投资，也许可以克服目前由物理定律所限制的时间旅行技术难题。

关于时间旅行可行性的论点

克莱尔：永远落后一步的感觉很艰难。

我一直等待着亨利；我不知道他在哪里，

我时常问自己：他过得还好吗?

做留下来的那个人太难、太痛苦了。

我一直让自己保持忙碌，这样时间就会过得更快。

我总是独自入睡，再独自醒来。

我走来走去，我拼命工作直到筋疲力尽。

我看着风吹拂着在雪地里蔓延的瓦砾。

一切似乎都很好，直到我想到了他……

为什么他不在我身边，而我对他的爱却日益增长?

——《时间旅行者的妻子》，奥黛丽·尼芬格

爱因斯坦的狭义相对论理论（以及广义相对论理论）中明确指出“时间扩张”是可能存在的，这也就是我们通常所说的时间旅行。该理论认为，与静止的观察者相比，快速移动的观察者的

时间似乎流逝得更慢。例如，时钟在高速移动的情况下走秒似乎会比原来慢一些；而在移动速度接近光速时，其走秒就几乎完全停止了。然而这种效应只有可能用于通往未来的时间之旅，而不可能使我们回到过去。这种时间之旅并不是常常出现在科幻小说中的那种。毫无疑问，它在现实中是真实存在的。不过，下文中我们所说的“时间旅行”指的都是具有一定自由度的、通往过去或未来的旅程。

许多科学家认为穿越时间之旅是不可能实现的，而基于奥卡姆剃刀定律的论点则进一步证实了该观点。任何支持时间旅行可行性的理论都需要解决因果关系的问题——如果有人试图进行时间旅行并杀死自己的祖父，将会发生什么？

此外，在没有任何实验证明时间旅行可能性的情况下，假设其不可能发生是一个理论上更加简单的选择。实际上，斯蒂芬·霍金曾提出过一个否定时间旅行存在的强有力论点：在我们现在所生活的世界上，从未存在过来自未来的穿越者（该论点被称为年代保护论）。该论点可以说是费米悖论的一种变体（“我们从未见过外星来客，因为外星人并不存在”），只不过把其中的“外星来客”换成了“时间旅行者”。考虑到这些情况，其他人（那些认同霍金理论的人）认为，如果人类在未来具备了回到过去的能力，他将无法回到传送他的时间机器被造出来之前的时空。

也有人认为，回到过去的行为会“创造”一个“平行宇宙”。

即这种时间旅行不是回到真正的过去本身，而是来到了“过去”的复制品中，而这个复制品与原本的过去世界仅有一处不同：多了一个时间旅行者。在这种情况下，两个时空将同时存在：一个是有时间旅行者的时空，另一个是没有时间旅行者的时空。这个假设可以用于讨论“如果明天的我计划穿越到今天并和我自己打声招呼，那今天我为什么没能看到一个一模一样的我和自己打招呼”的悖论。然而，最后得出的结论是：时间旅行是无法实现的。对于物理学家来说，为什么时间旅行无法实现以及是什么物理定律阻止了时间旅行的实现都是很有趣的问题。

关于时间旅行不可行性的论点

自亨利离开已经过了将近24个小时了，我感觉仿佛被割裂开来，

着魔般地不停思考着他在哪里、在哪个年代，

我因为他不在这里而感到愤怒，又因为不知道他何时会回来而感到担心。

（……）感谢上帝，在那一刻，我听到了亨利回来的声音

——他从花园的小路走回书房，边走边吹着口哨。

雪从他的靴子上抖落下来，他做出一个急匆匆的手势，

脱下了外套——他看起来棒极了，整个人洋溢着喜悦。

我的心开始狂跳，于是我鼓起勇气问他：

“今天是1989年5月24日吗？”“是的，当然是的！”

亨利大叫着，把我抱起到空中（……）摇晃着我。

我放声大笑，我们俩都笑了。

——《时间旅行者的妻子》，奥黛丽·尼芬格

对于时间旅行的可能性而言，逻辑和哲学上的反驳是较为次要的，主要的反对论据是大量的物理论证——这些论证表明了部分时间旅行方法在技术层面上是不可能的，且说明了部分时间旅行提议将面临的种种技术上的难题。重要的是，鉴于我们当前所具备的物理知识，在讨论时间旅行可能性时有必要将狭义相对论理论的限制考虑在内。爱因斯坦于1905年发表了他的理论；不久之后（1908年）赫尔曼·明科夫斯基发现该理论可以在四维空间中得以恰当的表述，而时间维度则正是第四个维度。

在该理论中，经典的时间概念受到了质疑。在相对论出现之前，科学家们就已将时间假定为是线性的，也就是说，时间可以表示为一条从过去至将来无限延伸的假想直线，在一个单一维度上以无限连续体的形式出现。我们占据了这条线上的某个点（也就是我们所处的当下），而该点始终沿相同方向移动。三方划分是以时间的图形表示为基础的，描述了大多数科学家直到20世纪初所具有的时间概念。直至今天，该概念仍被用于经典物理学及其他科学领域。

在反对时间旅行可能性的论点中，较为常见的包括：

- 在正常的时空中（即在大地测量学上是完整的且整体上是双曲线的），粒子不能沿封闭轨迹行进，因此不可能通过加速和减速来返回原点。
- 科幻小说中所想象的许多时间旅行的方式都忽略了一点：

能量守恒定律。

· 使粒子以接近光速的速度运动将会需要越来越多的能量。

悖论和信念

悖论是一个修辞意象，其内涵往往暗示着胡扯或矛盾。

还有什么情况比生活在一种现实中而感知到另一种现实更矛盾？当感知到的现实恰恰是对实际现实的否定时，会发生什么？对于任意情况 A，我们将 $\neg A$ 表示为 A 的否定。由于 $\neg(\neg A)=A$，那么在两个明显的选择中，我们获得了一个唯一的矛盾情况。

根据定义，等同于悖论性陈述（状况）的陈述也是自相矛盾的。从逻辑上讲，一个矛盾的陈述可以代表任何东西。实际上，如果 A，B 为两个陈述，那么：

图 42 骗子悖论实际上是一系列互相关联的悖论。最简单的例子便是以下这句话："此陈述为假。"如果将第三原则排除在外，则该句子必须为真或为假。如果我们假设它是真的，那么该句子所肯定的内容就都是假的。但是这句话的内容为认证其本身陈述为假，这又与我们最初的假设（即句子是真实的）相矛盾。那么，假设该句子是假的，即它所声称的内容必须是完全错误的——也就是意味着该陈述是真的——这再次与我们先前的假设相矛盾。

图 43　矛盾情形，将“两种”情况合二为一。

A y 和 $(\neg A)$ y 和 $\neg B$ 为假；

$\neg A$ 或 $(A$ 或 $B)$ 为真；

$\neg(A$ y 和 $\neg A)$ 或 B 为真；

$(A$ y 和 $\neg A)$ 或 B 为真。

那么，可能仅仅是主体感知到了自相矛盾的情况（或许是由于其感知机制或理解机制的错误）；也可能是与社会的某些部分分享了对矛盾状况的看法。在第一种情况中，我们通常认为是“主体内部的错误”导致了悖论性感知——我们将感知上的错误称为“错觉”，而将理解上的错误称为“疯狂”。而第二种情况则涉及“主体外部的错误”。我们将这种类型的感官错误称为“信念”：信念是一种由外界所诱发的心理状态。在这种状态下，个人会假设自己对某事件或某事物具有真正的了解或相关经验。在上述错觉之下，我们会感觉水平线似乎并不平行；在第二个错觉影响下，我们会感知到实际上并不存在的运动。

造成视觉错觉的原因是一些图像带来的过度刺激（颜色、亮度、大小、运动、倾斜等），这些错觉被称为生理错觉；而认知错觉则是由彭罗斯三角的无意识错误推论引起的。

图 44 视觉错觉

图 45 彭罗斯的“不可能”三角形图示

诺维科夫一致性原则

该原则也被称为诺维科夫一致性猜想，它由伊戈尔·诺维科夫在20世纪80年代中期提出，是一个用于解决时间旅行悖论的原则。简而言之，该原则指出，如果一个事件存在并引起了悖论或改变了过去发生的事情导致了悖论，则该事件发生的可能性为零。由此，根据诺维科夫的自洽原理，一系列事件不可能引发悖论。

诺维科夫没有根据通常的悖论模型来考虑，而是使用了更有利于数学家的数学模型：将一颗台球射向虫洞，使它传输到过去并与其原始版本（原来的台球）相撞。这样一来，台球会击打在其原始版本上并改变路线，然后——从一开始就——阻止它自己进入虫洞。诺维科夫发现，相同的初始条件可能会导致许多轨迹。例如，台球可能只会轻微地击打到原始版本的球，这会导致其回到过去的旅程稍稍偏移，再之后又导致其轻微地击打到过去的自己（原始版本的台球）。该类事件的“顺序”是完全自洽的，不会导致矛盾情况。诺维科夫发现，此类事件有可能发生，但不一致事件发生的可能性则为零。因此，只要时间旅行者的行为属于自洽的非悖论行为，这样的尝试就没有问题。

在一个例子中（该事例最初由亨利·詹姆斯提出的，之后也出现在《未知维度》系列的一集中[①]），一个人为了找到一场火灾的原因而穿越到了过去。当他到达起火的建筑物后不小心碰到了煤油灯而引起了一场火灾，而这场火灾使他在多年以后又重新回到了过去。这种情况是完全自洽的——回到过去之后，此人“满足”了“已经发生的”过去事件（从未来的角度看）。在这个例子中，“自由意志”并不存在：这个人不可能不引起火灾，因为这将导致不自洽的情况。即使这个人（因为某些原因）知道了之后会发生什么，但出于自洽原则，他也将以某种方式被限制在故事中，“跟随”故事应有的发展。

1923 年，一颗彗星划过地球，离这颗彗星最近的是芬兰的一个小村庄。在那里，一些居民的生活因此受到了影响：他们完全迷失了方向，行为变得奇怪，甚至都无法认出彼此了。然而，在几十年后的美国，在一群相聚共进晚餐并观赏彗星的朋友中，这个多年前的故事仅引起了阵阵笑声。这些朋友——四对夫妇——并不知道他们很快就会陷入现实的无限循环（最著名的表达方式是英语单词 loop）。这是电影《彗星来的那一夜》（2013 年）的开

①在《暮光区》中，许多著名的科幻小说作家，例如，查尔斯·博蒙特、理查德·马西森、杰里·索尔、乔治·克莱顿·约翰逊、伯爵哈姆纳、雷吉纳德·罗斯和雷·布拉德伯里，都参与了章节剧本的编写。

头，它是北美导演詹姆斯·沃德·布柯特的第一部作品。

这部构思巧妙的独立电影向观众展示了八位颇有学识的人在一个普通的夜晚的讨论，其中增加了一点相对论的内容、一点薛定谔的猫，一点停电事件和一点点歇斯底里，增进了我们对多重现实和平行宇宙的了解。

猫的视角[①]

无须成为一个物理学家，你也可以理解这个例子：一只（不幸的）猫和一瓶毒气被锁在一个不透明的盒子里。盒子的锁上有一个钥匙装置：如果你向右转动钥匙，盒子会打开；如果你向左转动钥匙，盒子也会打开，但是在打开之前会释放出能够把猫杀死的足量毒物。为了让事情更复杂一些，我们还要假设该盒子的各个面看起来都是一样的，并且没有任何一面上写着“该面朝上”的指示，因此转动钥匙装置的你将无法得知是在向左还是向右转动。那么，在你打开盒子之前，我要问你一个问题：猫是活着还是死了？

根据量子力学原理，此时对于系统的正确描述是“存活”和“死亡”（概率分别为50%和50%）两个状态叠加的结果。但是，一旦我们打开盒子去检查猫的状态，它将只可能是活着或者死亡中的一种，没有中间状态——要么是，要么不是。1935年，奥地

①写于2015年11月，一段对我来说很微妙的时间。

利物理学家埃尔温·薛定谔则与时俱进地提出了关于该假设是否是在虐待这只猫的问题。为了之后不引起指责和诽谤，我们需要在这里澄清一下：薛定谔自始至终都是纳粹党反犹太政策的坚决反对者。

几天后，我的大脑中将被植入电极，以减轻我的帕金森氏病晚期症状。手术成功的概率（统计学概率）超过95%。此外，为我实施手术的神经外科医生医术非常高明，到目前为止从未有过一次失败的手术（这里理解为从未有患者死亡）。对我而言，我认为情况很好，也因此可以做出乐观的预估。但是这个手术当然也存在风险，就像我告诉我的外科医生的那样：总会有第一次（死亡的案例）。

关于猫的悖论，物理学家提供了几种解释：量子系统（猫）不具有客观存在，或者如果其具有客观存在，则猫（具体的客观猫）代表了多种可能的现实之一（活着还是死了的现实），或者说，作为客观现实，猫同时活着且死了。

不知道为什么，我时常想起那只猫。

第五章

时间机器

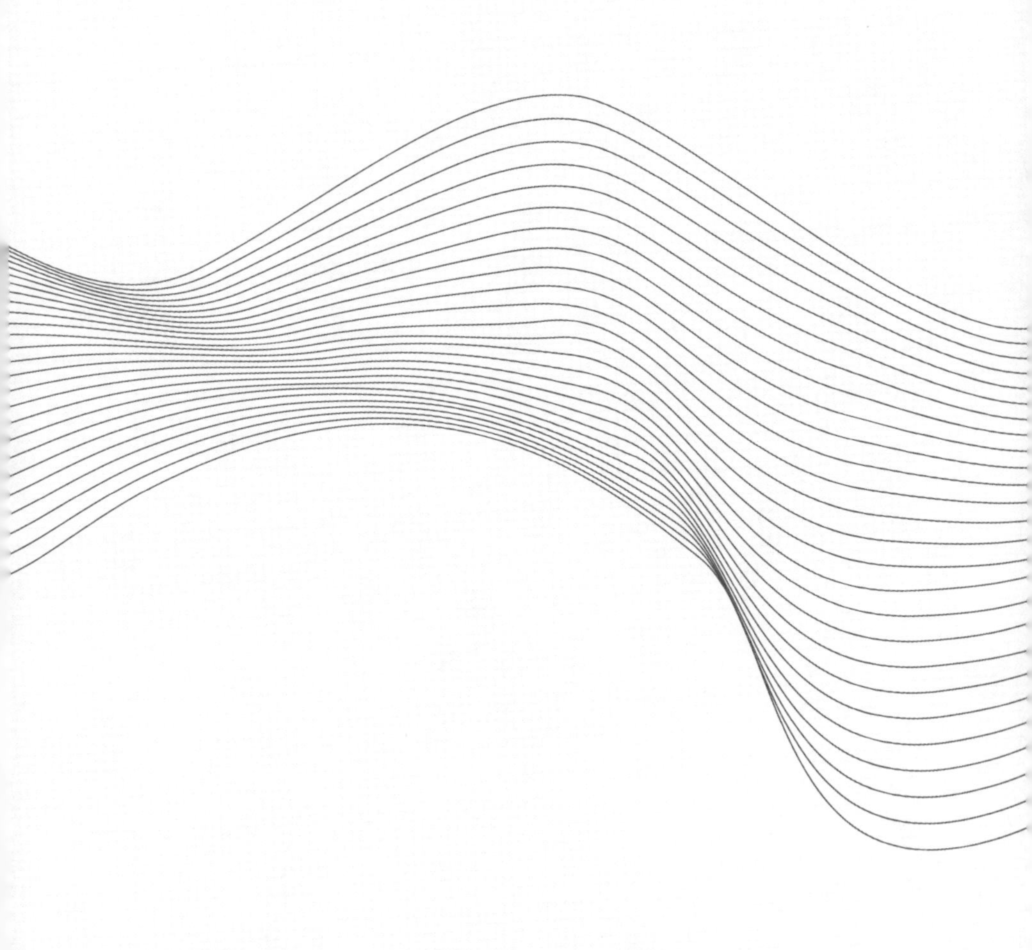

有一条自然法则常常被我们忘记：知识的灵活性是对于外界的变化、存在的危险和一系列不确定因素的一种补偿。对于动物而言，如果它能完美地适应所在环境，那么其本身就是一种完美的机制。大自然从不要求动物们拥有智慧，因为习惯和本能就已经足够有用。在没有变化也无须改变的情况下，智慧不必存在。只有具有智力的动物才必须面对各种各样的需求和危险。

因此，正如我所见，来自上层世界的人已经开始追求美了，而来自下层世界的人则投身于简单的机械工业。然而，要达到机械上的完美状态，仍然缺乏一样东西：绝对稳定性。随着时间的流逝，下层世界的生存状况显然已经发生了变化。几千年来一直被拒绝的需求又回到了下层人民之中，并再次开始发挥作用。下层世界所接触到的是一套近乎完美的机制，然而这套机制除了习惯以外还需要人们进行一点点思考。下层世界就这样以武力保留了下来。与上层世界相比，它可能多了一些主动性，却缺少了一些人性。当他们缺乏肉食时，就会转向一种古老的禁忌的习俗。

如此，我最后一次看到了 802701 年的世界。这也许是人所可以想到的最错误的解释。但是这就是我所见的形式，因此我把它们呈现给您。

——H.G. 威尔斯，《时间机器》

1895 年，H.G. 威尔斯出版了他的第一本小说《时间机器》。威尔斯被认为是科幻小说的鼻祖之一，他将冒险经历、社会理论和政治理论相结合，取得了非凡的成功。该书中有关时间机器的发明和对第四维度的讨论的部分于 1893 年在《亨利的国家观察家报》上出版。两年后，作家完成了小说的剩余部分，主要内容是关于通往未来的穿越时间冒险。作者写出这一部分只花了 15 天的时间。19 世纪末，一位科学家面对朋友们的种种怀疑，设法找到了所谓“第四维度”秘密的答案（即时间）并造出了一辆可以用于时间旅行的车。当时，他的朋友们常常在他的家中聚会，但其中有一次主人并未到场。朋友们等了一段时间之后，发现他进入了一种癫狂可怕的状态。科学家向他的朋友们讲述了自己如何进行时间旅行的故事：为了了解未来的人类世界，他跳跃到了 802701 年，然而想象中高度发达的社会并没有出现，取而代之的是一个衰落的世界：享乐主义的人类（埃罗伊）居住在世界的表面，既没有读写能力也不具备体力和智力。旅行者以为，这就是人类在解决所有现有冲突后的结局。然而不久之后，他发现这些地表人类生活在极度恐惧中：他们无比害怕地底的黑暗世界。

图 46　赫伯特·乔治·威尔斯（1866 年 9 月 21 日出生于伦敦城外布罗姆利，1946 年 8 月 13 日逝世），其作品是许多部电影的制作基础，其中改编成电影的最好的一部作品为乔治·帕尔于 1960 年导演的英国电影。这部电影获得了奥斯卡最佳视觉效果奖（电影中展示了机器穿越到未来时不断变化的地球的图像），“时间机器”跟随主角经历了三次世界大战，最后一次是在 20 世纪 60 年代末的热核战争。最后，旅行者在遥远的未来世界里迷路了。

地下世界由邪恶的生物莫洛克主导，这种生物则是人类的另一种分支。他们已经习惯于在黑暗中生活，并会在夜晚出来捕杀并食用地表人类埃罗伊。

在此之前，当时间旅行者和他的同事猜想未来旅程中的发现时，不止一个人相信他们会来到一个高度发达的共产主义社会。

实际上，在旅行者下车不久后的一段时间里，他也确实是这么认为的。

根据威尔斯的小说，在旅行者所探访的遥远未来中，智慧和勇气这两种品质似乎都已消失，新物种完全无法与其敌人抗衡。威尔斯在书中是这样描写另一种人类“莫洛克”的：“人不是唯一的物种，而是分化为两种不同的动物；上层世界的优雅生物并不是我们这一代的唯一后裔，那些在我眼前短暂掠过的苍白的、令人恶心的夜行性动物，也同样是所有年代留下的遗产。”

《时间机器》这部作品的另一个亮点是人类的灭亡。威尔斯在撰写这部小说时对该点抱有非常悲观的看法，正如其重新发行版本的序言中所说的那样，“那时，地质学家和天文学家对我们撒下恐怖的弥天大谎，向我们隐瞒了未来世界的情况：不可避免的全球降温，以及随之而来的死亡——直至整个人类种族的消失”。作者指出，这些专家预言“所有生命的灭绝”将在“100万年或更短的时间内”出现，这一点与小说的时间顺序相吻合。因此，书中的旅行者在其第一站就表明了温暖气候蔓延的情况（他说“整个地球都变成了花园”），并将其归因于某些行星已被太阳吸收的事实。随着时间逐渐流逝，旅行者发现了一片截然不同的风景：地球处于静止状态，“一面朝着太阳”，而太阳吸引着地球。

出于好奇我们可以注意一下，威尔斯在《世界大战》中对熟悉的地点的毁灭场景进行了幻想。而在《时光机器》一书中也

图 47　电影《时间机器》（1960 年）中的演员罗德·泰勒

运用了类似的方式，想象着现在看见的图景在未来可能是什么样子。因此，书中出现了很多类似温布尔登、泰晤士河谷、旺兹沃思或巴特西夫河等的地名。此外，作者还在书中加入了一个包含（时间）旅行者文明元素的废墟博物馆。

第六章

穿越时间的基因：进化

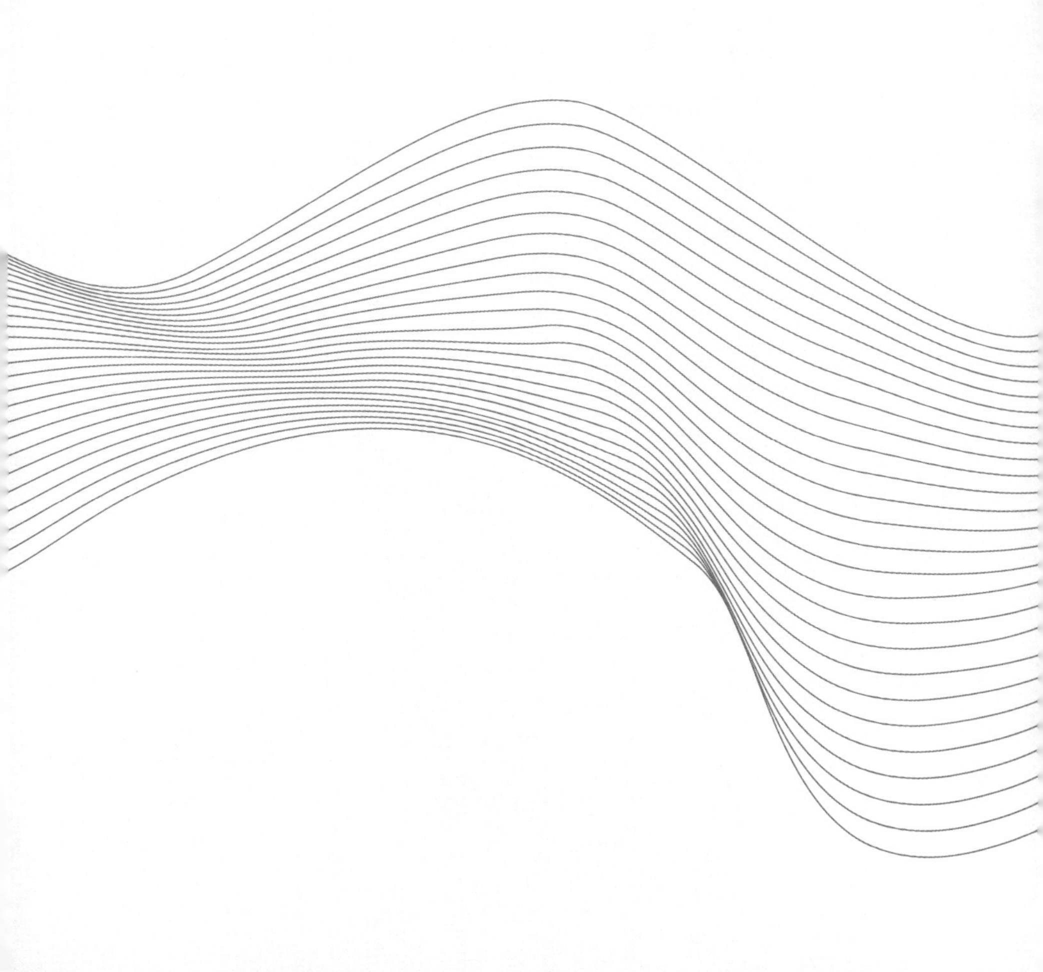

我试图证明的是，

科学的态度正意味着我所说的客观性假设

——根本不存在计划，

宇宙本身没有意图。

——雅克·莫诺德

根据查尔斯·达尔文的推测，所有生物物种都由一个共同的祖先，通过名为“自然选择”的流程慢慢进化而来。达尔文（1809—1882）是一位英国自然科学家，且被公认为是提出自然选择及进化论的科学家中最有影响力的一位（也是其中的第一位，他与阿尔弗雷德·罗素·华莱士独立分享这项成就）。这些科学家提出了生物通过自然选择而进化的观念。达尔文在其1859年出版的作品《物种起源》中证明了这一点，并举出了许多在观察自然中收集的事例。

1976年，理查德·道金斯成功出版了《自私的基因》，这可能是进化论领域中自达尔文以来最重要的概念发展。[①]

在这部作品中，道金斯从基因的角度而非个体的角度解释（并推广）了物种的进化理论（按照正确的理解，这两种观点是

①乔治·威廉姆斯在其极具影响力的著作《适应与自然选择》（1966年）中最早提出了以基因为中心的进化理论。作者指出基因是自然选择的基本单位，且认为自然选择的单位必须表现出高度的持久性。

图 48 查尔斯·达尔文创作的漫画，刊登在《大黄蜂》杂志上。尽管创造人类的自然选择机制是十分重要的——它对于我们对“人类”这个物种和任何其他生物物种的理解都具有至关重要的意义——但很少有人真正了解这种机制，甚至很多人都对其一无所知。仿佛“自然选择”在创造出人类这样富有智慧的物种的同时，隐藏了这个过程背后的基本生物学逻辑。然而我怀疑，自然选择没有成为全人类的文化共识，其根本原因是人们对它怀有抵抗心理——因为如果自然选择机制是创造世界的源头，那我们将被迫从做了上千年的梦中醒来。隐藏在自然选择背后的是与其对应的世界观，它动摇了我们文化中信仰与神话的根基。自然选择理论是极具革命性的，因为它告诉我们人类的存在并不具有特殊性，是自然选择将我们按照事物顺序和自然规律摆放在我们今天所处的位置。对于这种情感上的冲击，没有人比雅克·莫诺德（1970 年）表达得更好：这意味着发现我们“彻底孤独、毫无目的地身处在一个对我们的音乐充耳不闻，对我们的希望、苦难和罪恶无动于衷的宇宙中”。

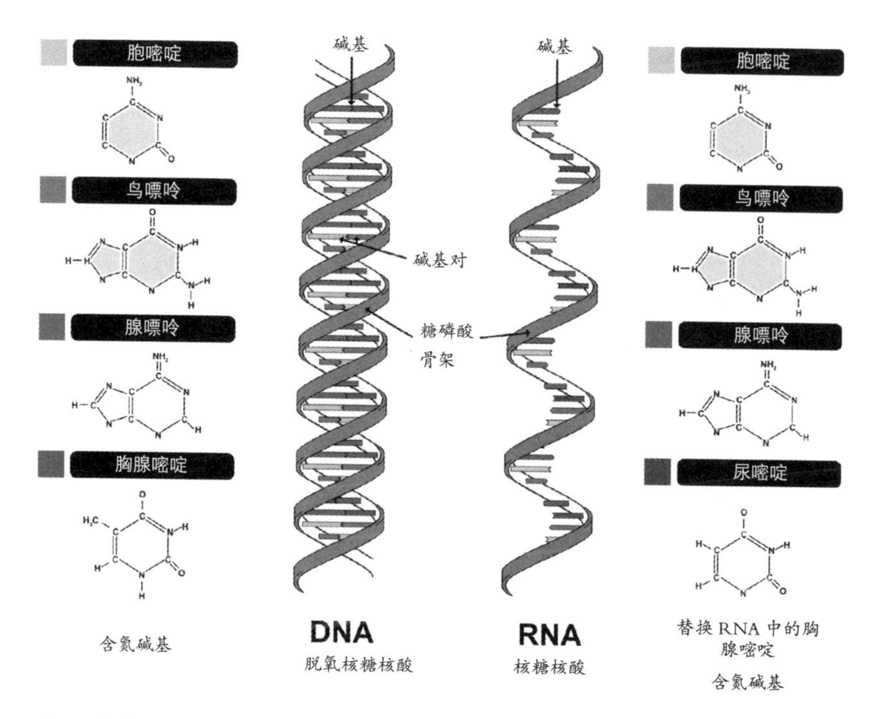

图 49　氨基酸及其在 DNA 双螺旋（或 RNA 单螺旋）中的排列

等效的），并且证明了群体选择理论的论证是错误的。[①]

因此，根据自私基因理论[②]，基因是进化的基本单位，即基因

①选择单位（也称为选择对象或进化个体）是生物组织（基因、细胞、生物、群体、物种）层次中的一种自然生物，服从于自然选择。几十年来，生物学家们一直在争论不同程度的选择性压力对进化过程有多大影响。这场辩论同样涉及选择单元的含义以及这些单元的相对重要性。是个体选择还是群体选择推动了利他主义的发展？当我们发现利他主义实际上降低了个体的优势时，就会很难理解在达尔文主义的选择背景下，为何在个人身上会演化出利他主义的思想。

②此处的“自私”是一个比喻，道金斯用该比喻来解释基因广泛繁殖的可能性取决于其对环境的适应能力。

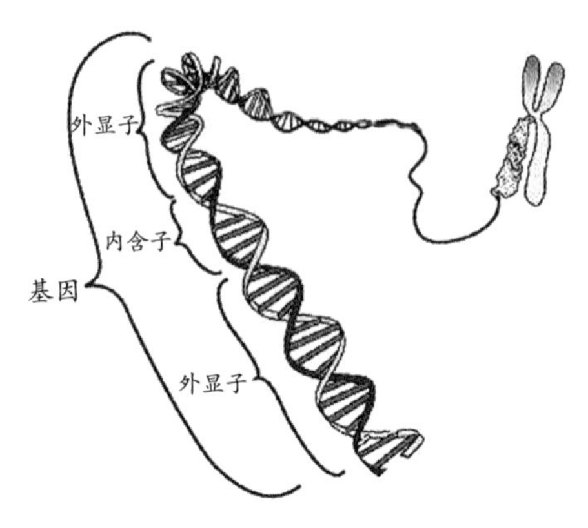

图 50 基因的结构

是进化的媒介。道金斯将基因的概念重新定义为“可产生一种或多种特定作用的可遗传信息单元”，且可能存在另一种产生不同作用的信息单元（称为等位基因），无论它是单个基因（这种情况不太可能出现）还是多个组合基因、对应的是一个完整的染色体还是只是一个片段。

因此，生物仅仅是基因的“生存机器”。如果生物正在繁殖的话，基因就会继续存在。由于基因是有性遗传的基础，具有生殖优势的基因将趋于被越来越多的个体所继承。

所有这些都将我们引到了基因定义的一个变体：基因是DNA 中的一个位置或区域，它通过编码控制着生物个体的某项功能（即特定蛋白质的合成）。

在孟德尔时代就已经出现了对基因存在的猜测。当时，基因被认为是离散的信息单元，负责传递某种特性（例如，眼睛的

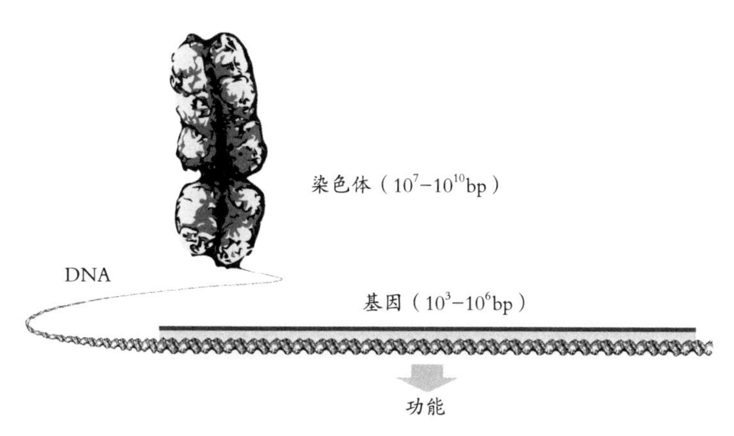

图 51　基因和染色体的大小比较（来源：托马斯·沙菲）

颜色、种子的质地、茎的长度等)。该定义在某些情况下仍然是有效的，前提是现在我们使用位于染色体某处的 DNA 片段来识别该信息单元。当遗传学家最终证明基因决定单个蛋白质的结构时，出现了该基因的第二个概念。在 20 世纪 50 年代初期，胰岛素蛋白的氨基酸序列已广为人知，并且发现每种蛋白均由典型的氨基酸序列组成，假定其特性将取决于该氨基酸序列。同时，突变（DNA 核苷酸序列的改变）与蛋白质中氨基酸序列的改变相关。显然，DNA 序列通过某种编码决定了蛋白质序列。那么，基因就是具有合成特定蛋白质所需信息的 DNA 序列。

基因可以在时间中传播吗？当然，我们不是在谈论组成基因的原子，而是在讨论定义基因的代码。决定蓝眼睛的基因① 出现至今还不到 1 万年，因此，认为该基因有更久的历史肯定是错误的。相反，有些基因显然是我们与遥远的祖先共有的，例如，决定性别的基因。 我们还能走多远？我们是否与 3.5 亿年前寒武纪时期繁荣的三叶虫有着相同的基因？又或者我们与衍生出了地球上所有动植物的原核生物共享基因？答案是肯定的，但是推演的过程则取决于数学结果，因此我做出如下陈述：

- 定理：所有人类都与原核生物共享部分基因，而这些原核生物是地球上所有动植物的来源。
- 定理的证明：对于地球上的任意生物 X，假设其染色体为 C(X)，并假设 h(X) 为 X 所有后代的集合。在 C(X) 中给定一个基因 g，在 C(Y) 中给定另一个基因 g'，Y 在 h(X) 集合中（也就是说 Y 是 X 的孩子），那么：

---

①哥本哈根大学的汉斯·艾伯格教授经过十多年的研究得出的结论是，蓝眼睛出现的原因是一个个体在 6,000—10,000 年前所遭遇的单一基因突变。艾伯格认为，EFE 机构于 2008 年 2 月发布的一份说明指出，这种奇怪的突变发生在黑海西北部。教授解释说，“由于它是一个隐性基因，所以要相隔几代人才会生出一个蓝眼睛的人”，这一点降低了新的“突变体”近亲繁殖的退化风险。

如今，1.5 亿蓝眼睛的人口证明了这种新色彩在遗传学上的成功，这种原本只属于高加索人种的特征也由于混血而传播到了别的种族。这位在哥本哈根大学分子与细胞医学系工作的教授认识到，“多年来，尤其是在过去的 12 个月中，我们一直在寻找决定眼睛颜色的遗传信息”，而直到现在他们才终于取得了决定性的结果。

这项研究始于 1996 年，以“研究 50 个不同的基因”的方式开始，最后以非常有针对性的方式得到了这一发现。“最大的惊喜是我们在单个基因中找到了一切的起源。”艾伯格总结道。名为 OCA2 的基因决定了个体产生黑色素的能力。

$$g\text{–}g'$$

于是我们获得了一个具有许多分支的“树”T，大概形状如下：

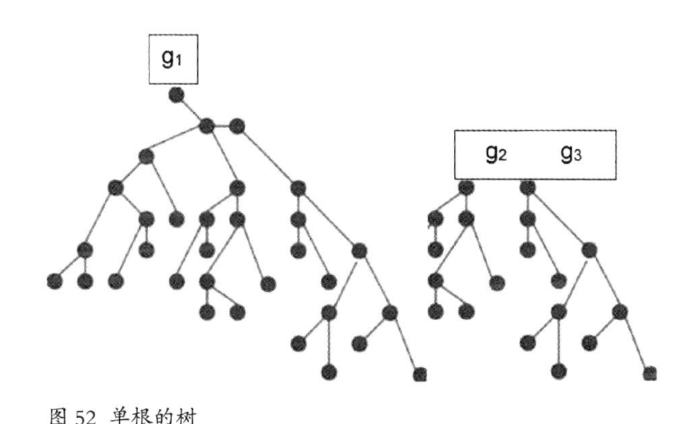

图 52　单根的树

g_i表示C（X）中的元素。其中有一些事实我们要在这里澄清一下：

· 每个C（Z），即Z的染色体图，都是一个有限集。T是局部有限树。

· 图中时间从上到下进行，因此在该图中不存在周期，这也就是为什么T是一个树状图。

· 我们得到的树T有“根”，也就是说对于T中的每个点，我们都可以通过对向上溯源的方法追溯到一个尽头——

一个没有祖先的起始点（实际上，Z 的诞生时间 $n(Z)$ 受地球年龄的限制）

· 在此图 T 中无法向上溯源的个体即为没有祖先的起始点，这些起始点构成了地球上所有动植物的起源：原核生物的集合 P。

现在我们引用著名的：

柯尼希座右铭[①]：设 T 为树形图，局部有限，相连。所以 T 是有限的，只有一个根。

我们现在可以立即进行演示：我们回到原始的 X，并在 C(X) 中获取任何基因 g。 我们采用之前形成的图 T 的相关分量 T。很明显，T 满足柯尼希引理的假设，因此具有单个根 R。通过构造 R 在 P 中存在一条从 X 到 P 的祖先路径。这就是我们要证明的。

由于 DNA 是相对惰性的分子，因此其信息通过其他分子间接表达。DNA 指导蛋白质的合成，决定了细胞的物理和化学特性。因此，除了某些包含 RNA 基因组的病毒外，其余的基因组都使用 DNA 作为遗传信息的存储库。

在真核生物中，每个细胞核都包含遗传物质，而 DNA 的结构是线性的。另外，真核生物的细胞核中具有一个以上的 DNA 分子，每个分子对应一个染色体。对于相同物种的所有细胞（配

①丹尼斯·柯尼希（1884—1944），匈牙利数学家，撰写了《图形理论》的第一本书。由于自己的犹太裔身份，他最后为避免落入纳粹之手而自杀。

子除外），其数目是恒定的。

真核生物的基因组比原核生物大得多。尽管其 *C* 值（物种 DNA 的单倍体数量）变化很大，但始终显著高于原核生物。然而，较高的 *C* 值不一定意味着较高的遗传复杂性（如下所示）。

不同物种的 *C* 值（以碱基对表示）：

大肠杆菌	4×10^6
果蝇	1.4×10^8
智人	2.87×10^9
蝾螈	8×10^{10}

在原核生物中，信息被最大限度地节省了：除极个别情况外，每个染色体中都包含任何特定基因的复制信息，且几乎所有的 DNA 都可以表达。另一方面，在每个真核细胞中似乎都有大量的 DNA 是功能完全未知的 DNA。例如，在对人类情况的估计中，我们发现“不必要的”DNA 含量高达基因组的约 95%。

1802 年，神学家 W. 佩利出版了《自然神学》一书，他在其中辩称，生物的功能设计证明了一种全知的生物的存在。据他所称，人眼的精妙设计是上帝存在的确凿证据。对于想要通过自然过程来解释生物现象、解释有机体对环境的奇妙的适应过程的自然科学家来说，这是一个根本性的问题。佩利的设计论观点对 19 世纪的自然主义者产生了巨大影响，然而事实上，这种干预

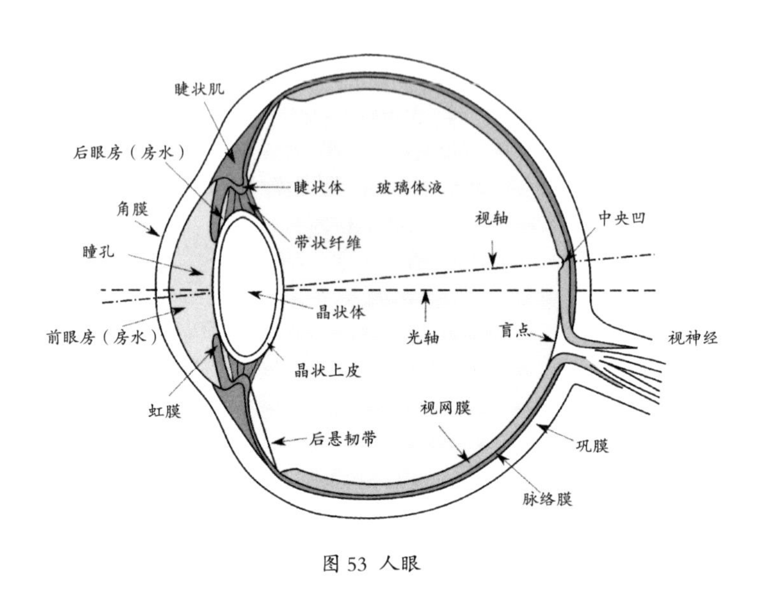

图 53 人眼

主义的观点公然违反了 16 世纪和 17 世纪中随着物理学的发展而确立的自然观。根据这个新概念，宇宙的现象可以用自然过程来解释。实际上，自然是进行科学问答的合法对象。达尔文的著作《物种起源》将这一革命引入了生物学。在达尔文理论中，最具革命性的是提出用自然机制来解释生物的起源、多样性和适应性。

科学家们已经找到了人眼的起源。这个迷人的进化过程大概包括以下几个步骤：大约 5 亿年前，单细胞生物（例如，裸藻）在其身体表面形成了一个简单的"光点"。"光点"由光敏蛋白质组成，与动物的鞭毛连在一起（鞭毛类似于动物的尾巴，用于在水中推动动物前进），这种机制使动物能够立刻对光源做出反应并全速接近光源。

一种叫作涡虫的蛔虫则进化出了一个更复杂一些的机制（也是一个更有效的机制）：它会使自己的身体向内弯曲，以检测入射光的方向。通过这种方式，它不仅可以寻找反射光线的食物，还可以对弱光点进行定位，以便在捕食者来临时将弱光点作为避难所。

在数百万年的时间里，这种杯形器官开始在生物体内发生变化（例如，鹦鹉螺），直至仅露出一个小开口，于是便形成了“针孔效应”：只有一束极细的光可以通过小开口，极大地提高了分辨率并减少了失真。镜片（晶体）的起源要追溯到一层透明的细胞。这些细胞覆盖了针孔的开口，以保护其中的元件免受侵害。同时，眼睛的内部结构中充满了液体，这种结构优化了眼睛对光和图像处理的敏感性。在此之后，紧贴其周围的晶状体后部进化出了晶体结构，使入射光聚焦在背面视网膜的单个点上。当一个名为虹膜的彩色环出现时，这种简单的结构就最终成为我们今天所见的人眼。虹膜的作用是对进入眼睛内部的光量根据环境需求进行调整。

外部白色区域（称为巩膜）的形成是为了将眼结构保持在恰当的位置。我们的眼睛在进化中甚至形成了泪管，通过产生一层透明保护膜来保护我们的眼睛。

人眼进化的过程常被人用来质疑自然选择的真实性。人们会问，如果没有“智慧的造物主”的指导，人眼为何会出现种种演变呢？一部名为《I 型起源》的电影（2014 年）以一种有趣的方式提出了这个问题。该电影是作家兼导演迈克·卡希尔所撰写的第二部电影，讲述了研究眼睛进化的分子生物学家伊恩·格雷博士（迈克尔·皮特饰）的故事。在与一个美丽的年轻女子（阿斯特里德·贝格斯·弗里斯贝伊饰）相遇后，他的工作和生活开始交织在一起。在继续研究了多年之后，他与同事凯伦（布里特·马灵饰）共同完成了惊人的发现。这个成果对于科学界而言影响深远，对于他本人的精神信念而言也意义重大。就这样，一个简单的爱情故事变成了一场关于人类灵魂独特性的辩论，而轮回说的幽灵则在实验室中反复出现。为了证明自己的理论，格雷博士将会承担一切风险。

带着同样的问题，瑞典生物学家 D. E. 尼尔松和 S. 佩尔格（1994 年）对脊椎动物眼睛的进化过程进行了模拟，并估算了其形成所需的时间。他们从具有三层结构（图 54）的原始感光眼睛开始研究——不透光的下层，由光敏细胞形成的中间层和由透

图 54 鹦鹉螺。眼睛进化过程的简要说明图。左图为杯状示意图。

明材料形成的第三层保护层。两位生物学家用这种“眼睛”结构对一群人进行了模拟，且在每一代中都有一些小的随机变化，这些变化会影响眼部结构其中一层的厚度或透明层局部区域的折射率等。在每一步转化中，每只眼睛只能发生一个突变。可以通过计算图像质量数的光学方程式确定投射在感光单元层上的图像质量中产生的变化。

如果在眼睛进化过程中，新的变体所产生的图像比原来人群眼睛所产生的图像更好，则对具有该新变体的种群进行以下突变。模拟结果是惊人的：假设初始单位的变化为 1%，那么我们将在 1,829 步演变中进化出魔术般的、带有折射透镜的相机般的眼睛。这些步骤意味着多少代人呢？假设我们从比较悲观的角度考虑，设置选择系数为 1%，成功继承为 0.5，那么以上步骤数所对应的进化时间为 36.4 万个世代。（如果我们假设这些原始动物的世代时间为一年的话）这段时间与地质时间相比，只不过是一个瞬间。自然选择确实是一种（或许是唯一一种）极具创造力的进化过程。

第一位对人眼的“奇妙”技能提出质疑的科学家可能是德国的赫尔曼·冯·亥姆霍兹。

他发明了检眼镜。这是一种用肉眼观察视网膜的仪器，该仪器对眼科医生来说至今仍十分重要。在很多实验中他都需要用到自己的眼睛，因此他非常清楚自己肉眼的光学质量远不如人工透镜高。他关于人眼的灵巧性（或是笨拙性）有一句直言不讳的名

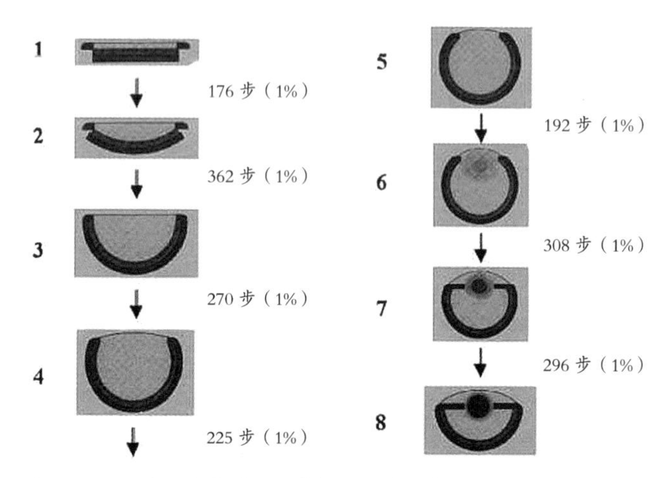

图 55 尼尔松和佩尔格（1994 年）的一系列进化理论模拟出的脊椎动物的眼睛。在不到 1,900 个步骤中，如果结构层的厚度或透明层的折射率发生 1%的变化，就有可能通过一系列感光细胞进化出照相机般的眼睛。

句，这句话在后来也常常被人们重复提起："毫不夸张地说，如果有眼镜商想卖给我一种像人眼一样充满缺陷的仪器，那么对此合理的反应是以最强烈的方式来谴责他的粗心，并将这个仪器退还给他。"亥姆霍兹似乎对我们的眼睛、角膜和晶状体的糟糕技能感到失望。这一点在此后也令许多学者感到惊讶。

亥姆霍兹对其研究成果的哲学含义始终十分关注。他提出了一种"符号"理论，其中"感觉"象征着刺激源，但并非刺激源的复制品。同时，亥姆霍兹博士论文的负责人约翰·穆勒通过神经的先天形态解释了感觉与刺激的对应关系。亥姆霍兹认为，这种对应关系是通过一种"无意识推论"学习产生的。因此，大脑通过一系列由"无意识推论"所产生的心理调整来建立连贯的现实形象，这是大脑根据经验所进行的自动统计。

例如，“物体的空间位置”不过是大脑对物体在大脑中所激发的感觉的一种解释。

物体的质量（例如大小、距离、形状）不是物体的直接属性，而是我们对其的解释。这些品质可能会因透视或其他欺骗感官的而出现失真的情况。该现象解释了大多数光学上的错觉。亥姆霍兹认为，我们是通过感官体验来学习如何对空间进行解释。从哲学上讲，亥姆霍兹的认识论是假设我们对现实的反映是一个物理过程。在这个过程，我们的大脑里产生了与原物体有关的信号，而不是将物体复制了一遍。这些信号是由多种原本相互没有关联的感觉所创造的。因此，“我的手指”的感觉使我在心理上与它们相关，而存档中的“文件”则对应于“我的手指”。Localzeichen（字面意义：地标），其空间位置已获悉 [亥姆霍兹 1868（1869）]。

受赫尔曼·洛兹（1817—1881）理论的启发，所有生理感觉都映射到了心理概念中，甚至空间也成为构建这种解释的工具。这些感觉的质量仅仅属于我们的神经系统，而不属于我们周围的物体。

在图 56 中，我们出现了明显的“视错觉”。实际上，这张令人惊讶的照片表明我们的大脑已经准备好（准备好了“线”）以识别处于正常位置的面部图像（不是头部的）。图 57（大约）显示了我们的眼睛“真正”看到的内容。面对人群时，我们的大

图 56 视错觉

脑接收的信息很少，但在另一方面，它创建了一个分散的平均图像，显示了在注意人群中每个人时所将看到的信息。

当然，基因的延续并不是我们生存的唯一方式。我们的生命还可以通过图像和声音来延续——它们可以超越我们身体的物理存在，被永久地记录下来。这就是阿道夫·比奥·卡萨雷斯在《莫雷尔的发明》中所使用的方法。逃亡者来到了一片荒岛，岛上只有他一个人。之后，开始有游客来到他的藏身之处——这座小岛。他在游客到达的第二天开始写日记进行记录。尽管他认为这种存在是一个奇迹，但他仍然担心游客们会将他抓走并交付给当局。当游客们来到山顶上的博物馆时，他就躲在沼泽地里——

图 57　图像中标记了这些特定快照的注视点和关注焦点。左列显示了两个尚未处理的图像（左列为“原始图像”）。中间一栏显示了实际上被观察到的部分（其余部分在图像中变暗了）。相反，右列则显示了如何表示未被直接观察并且不被认作集合统计量或“要点”的部分。（来源：科恩出版社，《认知科学趋势》，2016 年）

那是他一直以来居住的地方。通过他的日记，我们发现他（这个逃犯）是一位委内瑞拉作家，被判处无期徒刑。尽管无法确定，但他认为自己身处于（虚构的）维灵斯岛上，该岛是埃利斯群岛的一部分（也就是现在的图瓦卢[①]）。他唯一确定的信息是，该岛上存在着一种奇怪的疾病，其症状与辐射中毒相似。

在游客中有一个名叫福斯蒂妮的女人，她每天在小岛西部的悬崖上观看日落。逃亡者监视着福斯蒂妮，最终却爱上了她。他注意到，一个名叫莫雷尔的大胡子科学家常常来拜访她，他们用法语交流。逃亡者决定与她建立关系，但福斯蒂妮却对他没有任

①位于赤道太平洋的小岛。2014 年时，岛上居民仍不到 1 万人。

何反应。逃亡者于是认为她是下定决心不理睬自己，但其他游客对他似乎也是这样的反应——岛上似乎没有人看得到他。他还提到，福斯蒂妮与莫雷尔之间的对话每周都是相同的，只是在一遍遍地重复。他开始害怕是不是自己已经疯了。在这里，游客时而出现时而消失，同样的对话反复进行，夜晚的天空中有两个月亮，而白天则有两个太阳。

莫雷尔（或他的双胞胎，他的影子？）告诉游客们，过去一周中他一直在使用自己发明的机器来记录他们的行为，而这个机器可以重现现实。他声称，录音将俘获他们的灵魂，而通过播放这段录音，他们将永远活在那一周，而他则可以与他所爱的女人度过永恒。尽管莫雷尔没有透露她的名字，但逃犯确信他所指的即是福斯蒂妮。莫雷尔的机器之所以能够运转，是因为风和潮汐为它提供了取之不尽的能源。只要等到被录音的人死亡之后，这段录音就可以开始播放。

尽管逃亡者对该岛上的“新型照片”很反感，但他最终还是接受了其存在。他学会了操作机器，并把自己加入录音中，使他和福斯蒂妮陷入了爱情。最后他任由自己死去，并希望能与福斯蒂妮一起度过永恒。

对于书中有关发明的情节，涉及“不能完全被称为完美”的部分时，比奥·卡萨雷斯的密友豪尔赫·路易斯·博尔赫斯毫不犹豫地对其进行了撰写。基于比奥的作品，衍生出了几部电影和电视连续剧。

图 58 电影《去年在马林巴德》的法国版海报

阿兰·雷奈的电影作品《去年在马林巴德》（1961 年）即受此小说启发。[①]

1967 年，法国电影制片人克劳德·让·邦纳多将小说改编成了电视电影。1974 年，意大利电影制片人埃米迪奥·格雷科将小说改编成了胶片电影。这也是著名的《迷失》系列的灵感来源（索耶在第四季阅读此书之后，《发明》在美国的销量激增）。

①阿兰·雷奈的电影剧本灵感来自《莫雷尔的发明》，由客观主义和新小说教皇阿兰·罗伯·格里耶制作。这部电影以其模糊的叙事结构闻名，这种特点也使针对该电影的评论中出现了许多困惑和分歧。影片中虚幻的维度以及现实与幻想之间的困惑随后也激发了许多电影制片人的灵感。

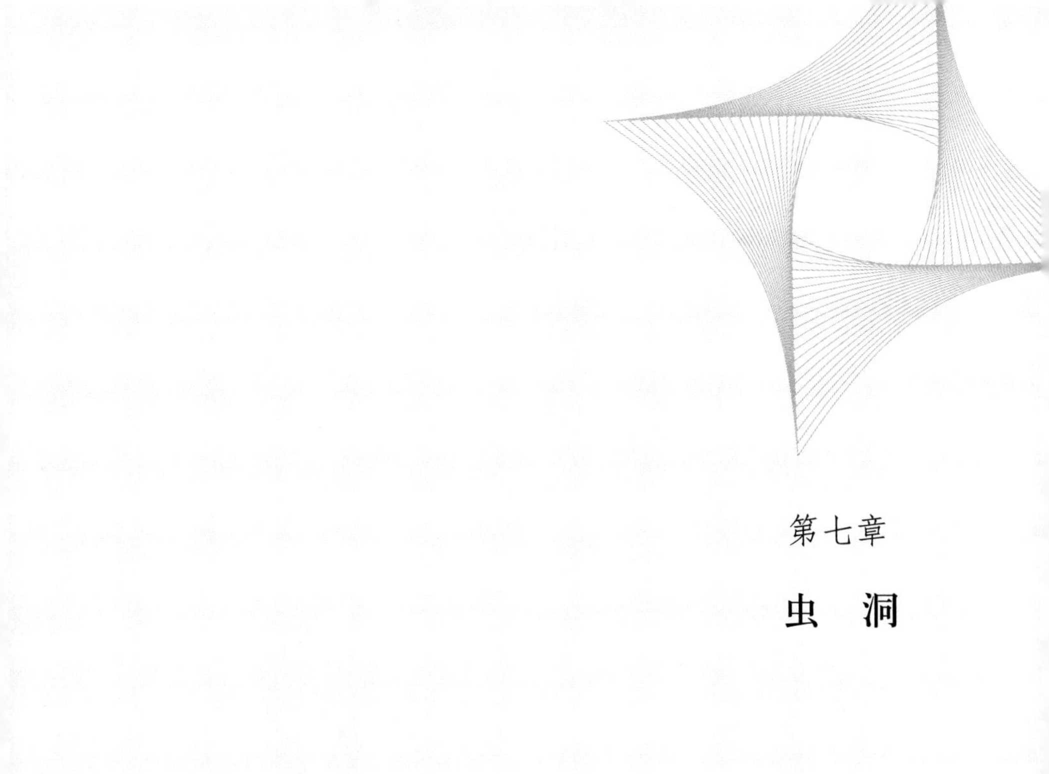

第七章

虫　洞

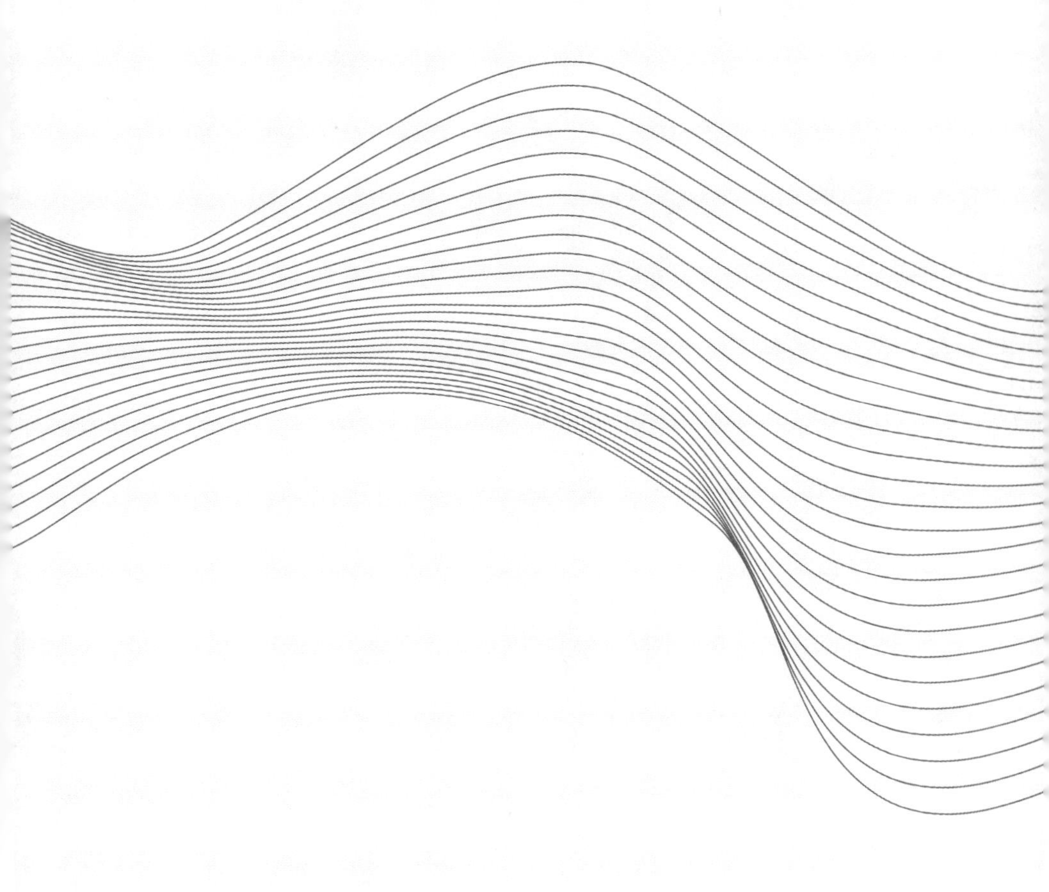

虫洞，也称作爱因斯坦－罗森桥，是一种假定的时空拓扑结构，可以用广义相对论的方程来描述。虫洞实质上是一个穿越时空的捷径：它有至少两个末端连接到同一个“喉咙”，而物质则可以通过该喉咙传播。迄今为止，人类尚未在已知时空中发现存在这种类型结构的证据。因此目前来说，虫洞仅是一种理论上的可能性。

当红色超巨型恒星爆炸时，它会排放出大量物质，使其本身尺寸变小，并最终变为中子星。但是另一种可能的情况是，它受到剧烈压缩，以至于其内部开始吸收自己的能量，直至最后消失。而在它原本所在的位置将会留下一个黑洞。该黑洞的引力极其强大，连电磁辐射都无法逸出。它会被称为“事件视界”的球形边界包围。光会穿过这个边界进入黑洞，但无法离开，因此从远处看到的黑洞应该完全是黑色的（尽管斯蒂芬·霍金推测某些量子效应会产生所谓的霍金辐射）。天体物理学家推测，在黑洞内会形成一种无底圆锥。1994 年，哈勃太空望远镜在 M87 椭圆星系的中心发现了一个密度极大的黑洞，其周围气体的高加速度表明该区域存在一个比太阳大 35 亿倍的物体。最后，这个洞将吸收整个星系。

奥地利科学家路德维希·弗拉姆在 1916 年第一次发觉了虫洞的存在。从这个意义上讲，虫洞假说是对 19 世纪第四空间维度理论的更新，该理论假设—— 例如，给定一个环形物体，其中可以找到三个通常可以感知的空间维度，并找到第四个可以缩短距离的空间维度，从而缩短传播所需要时间。1921 年，德国数学家赫尔曼·魏尔以一种更科学的方式提出了这一初始概念，将对电磁场能量的质量分析与 1916 年爱因斯坦发表的广义相对论联系了起来。

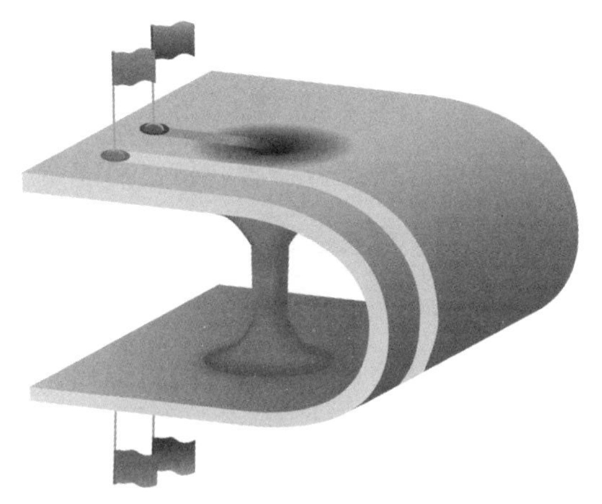

图 59　虫洞（爱因斯坦 - 罗森桥）。技术上可以进行时间穿越的虫洞示意图。如果跨过左侧线的桥的两端之一处于运动中，则沿着右侧路线行进并返回到起点（而不是左侧路线）可以穿越时间并回到过去，因为所表示的时空将包含闭合的时间曲线。

目前，弦理论承认存在三维以上的空间维度，但是这些额外的维度将在亚原子尺度上被压缩（根据克鲁札-克莱因理论），因此想要借此来进行时间旅行似乎是非常困难的（或许是不可能的）。

“虫洞”一词由美国理论物理学家约翰·惠勒于1957年提出，它来自以下这个用于解释该现象的比喻：如果宇宙是苹果的皮，而蠕虫在其表面上传播，则只要蠕虫停留在苹果的表面，其与其对跖点的距离等于苹果周长的一半。然而，如果蠕虫直接在苹果块体上挖了一个孔，则其必须经过的距离会大大缩短，因为两点之间的最近距离是将两者连接的直线。虫洞至少有两种类型：

- 宇宙内虫洞将一个宇宙的某一位置与该宇宙的另一个不同时空的位置连接起来。虫洞应该能够通过时空折叠来连接宇宙中非常遥远的地方，从而使其传播时间较正常空间中而言大大缩短。
- 宇宙间虫洞将一个宇宙与另一个不同的宇宙关联在一起，也被称为“洛伦兹虫洞”。据此，我们可以对这种虫洞的功能进行推测：它是否能被用来从一个宇宙向另一个平行宇宙传播物质？虫洞的另一个可能的应用是时间旅行——在这种情况中，虫洞将成为人类从一个时空点移动到另一个时空点的捷径。在弦理论中，虫洞被看作两个D形接头

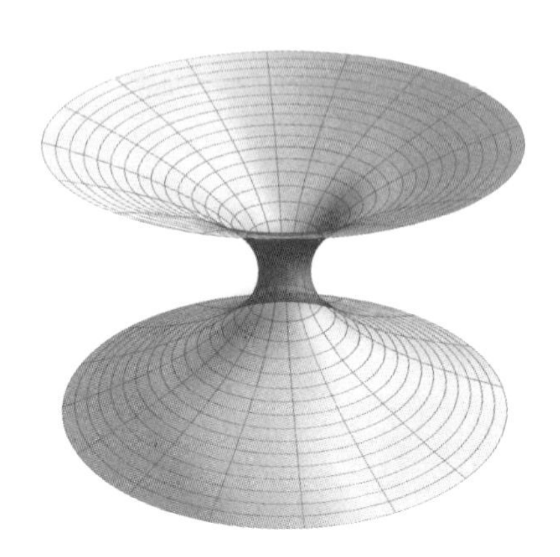

图 60 洛伦兹虫洞示意图。洛伦兹虫洞，又称为史瓦西虫洞或爱因斯坦－罗森桥，它们连接空间区域。通过连接黑洞和白洞模型，可以在爱因斯坦的场方程中将空间区域建模为真空解。阿尔伯特·爱因斯坦和他的搭档内森·罗森找到了这个解，并于 1935 年首次发表了结果。1962 年，约翰·惠勒和罗伯特·W. 福勒发表了一篇文章，声明这种虫洞是不稳定的，一旦形成便会立即分解，并给出了证明。

之间的连接处，其中虫洞口（喉咙）与两个接头相接并通过流量管相连。人们普遍认为，虫洞是量子泡沫或时空泡沫的一个组成部分。

在洛伦兹虫洞的稳定性问题愈发明显之前，有人曾提出过类星体可以是白洞，且因此形成了这一类型虫洞的末端。然而，最新研究则排除了类星体是白洞的可能。

洛伦兹虫洞也激发了基普·S. 索恩的灵感，使他想象出了另一种虫洞的传播方式：通过收紧其“喉咙”并通过异物（负质量和负能量）打开而进行传播。

可通过的“洛伦兹虫洞”不仅允许物质从宇宙的一部分传

图 61　斯蒂芬·霍金（1942 年 1 月 8 日生于英国牛津，2018 年 3 月 14 日卒于英国伦敦），是一位英国理论物理学家、天体物理学家、宇宙学家和科学普及者。迄今为止，他最重要的成果是与罗杰·彭罗斯共同对广义相对论背景下的时空奇点定理做出的系列研究，以及他所提出的黑洞会发射辐射的理论预测，也就是我们今天所说的霍金辐射（或称为贝肯斯坦 – 霍金辐射）。

播到其另一部分，还可以从一个宇宙传播到另一个宇宙。虫洞连接了两个时空点，因此也使时间旅行变为了可能。1988 年，基普·S. 索恩和他的毕业生迈克·莫里斯发表了一篇文章，首次证明了广义相对论背景下穿越虫洞的可能性。他们发现的可穿越虫洞为开放类型，具有由外来物质构成的球形外壳，被称为莫里斯 – 索恩虫洞。

众所周知，在广义相对论中可能会出现洛伦兹虫洞，但这些解的物理可能性尚不确定。甚至在量子引力理论（通过将广义相对论与量子力学结合而成的一门理论）中是否允许洛伦兹虫洞的存在也是未知的。大多数允许交叉虫洞的广义相对论解都涉及异物——一种包含负能量密度的理论物质。然而，对于该要求（包含异物）是否为穿越型虫洞存在的绝对条件，数学上尚未能给出证明，也无法确定这种外来物质究竟是否存在。

根据过往经验，人类尚无法判定虫洞是否真的存在。一个广义相对论方程（例如，L. 弗拉姆所发现的方程）的解使得不需要外来物质（具有负能量密度的理论物质）的虫洞的存在成为可能，而该方程的解尚未得到验证。许多物理学家，包括斯蒂芬·霍金（他曾提出"时间保护"猜想）在内都认为，由于悖论（或可能是绝境）的存在，物质可以通过虫洞进行时间旅行意味着要满足某些基本物理定律，而这些定律同样也会防止此类现象的发生（该现象称为"宇宙监察"）。

2005 年，阿莫斯·奥里发现了一个可以进行时间旅行、无须外来物质并满足所有能量条件的虫洞。该方程的稳定性并不确定，因此尚不清楚为了形成并允许时间旅行是否需要无限精度，且尚不清楚在这种情况下量子效应是否可以保护时间。

让我们看看如何使用虫洞来创造时间机器。假设我们在虫洞的两个"嘴"中分别放置了两个时钟，显示时间为 2000 年。此时，将其中一个"嘴"加速到接近光速。当加速的"嘴"中的时钟标记 2010 年且静止的"嘴"中的时钟标记 2005 年时，我们将这两个"嘴"连接在一起。这样一来，通过加速的"嘴"进入虫洞的时间旅行者将在静止的"嘴"处的时钟标记 2005 年时离开静止的“嘴”，到达五年前的同一个地方。这种虫洞配置将允许时空宇宙线的粒子形成闭合的时空回路，称为封闭类时间曲线。虫洞穿过闭合的时间类型曲线的路线导致虫洞具有暂时的空心特征。

实际上，人们普遍认为以这种方式将虫洞变成时间机器是不可能的。一些使用半经典近似方法并结合了广义相对论的量子效应的分析表明，虚拟粒子的反馈将以不断增加的强度在虫洞中循环，并在任何信息穿过之前将其破坏，这一点与时间保护猜想是一致的。而该想法也受到了质疑——因为辐射在穿过虫洞后会散开，因此无法形成无限积累。无论如何，要造出一个像奥里所构想时间机器一样的设备，所需的技术明显远远超出了目前的可能性范围。然而，也确实有一些例子证明该想法是正确的。在地球上，我们会接收到数千光年外的来自银河系中心的粒子，也就是说，这些粒子其实是数千年前生产的。但是，这些粒子其实甚至连一分钟的短途旅行都经受不住，因为它们在产生后的几秒钟内就会自动分解。如何解释这个悖论呢？我们可以通过时间膨胀来理解：粒子被加速至接近光速，所以对它们而言时间只过了几秒钟，而在地球上已经过了数千年。但是，这种类型的时间机器是单向的，也就是说它只允许我们向未来旅行。这一点无疑削弱了时间旅行的魅力。

第八章

大图形及其熵

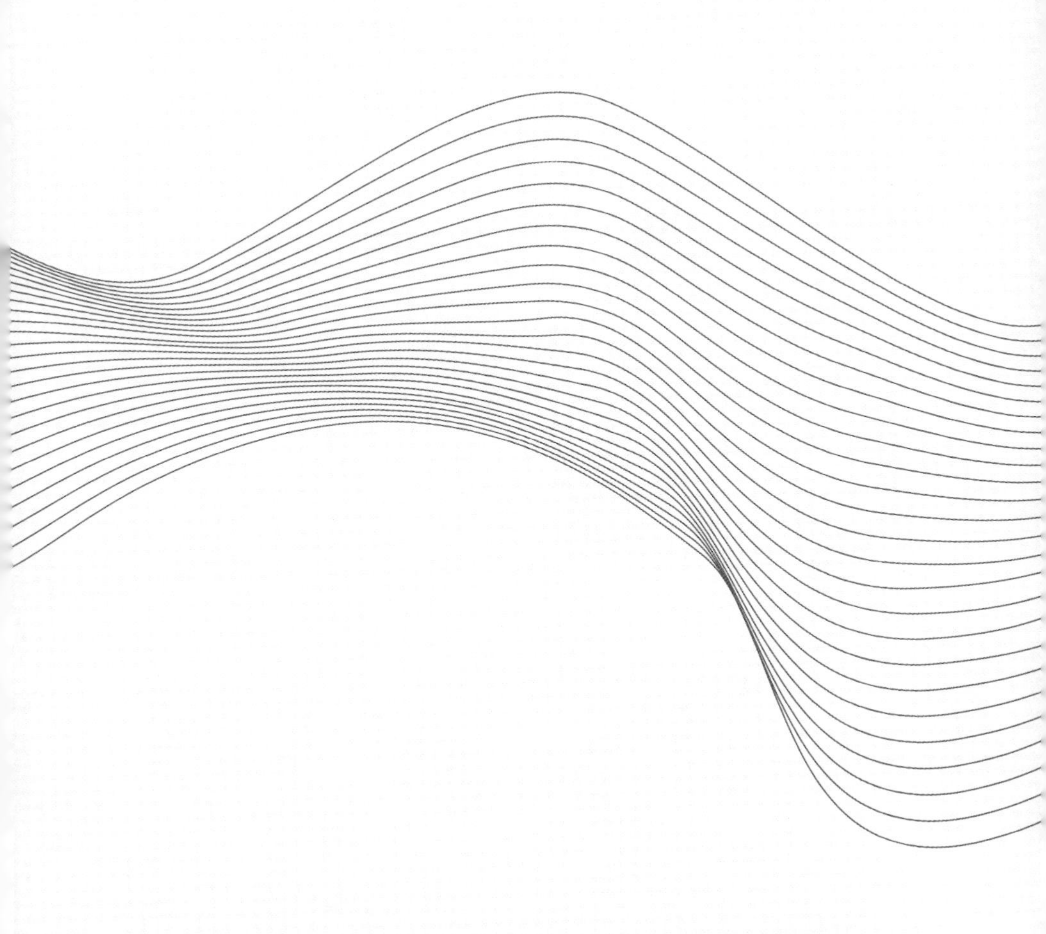

图形理论诞生于1736年，当时莱昂哈德·欧拉发表了论文《关于位置几何问题的解法》（欧拉，1736年），其中讨论了著名的柯尼斯堡七桥问题。许多文献中都记载了这个故事，我们也可以在图形论相关的书籍中找到它。但是“图形”这个词则是最早出现在自然科学的背景下：1878年，英国数学家詹姆斯·约瑟夫·西尔维斯特撰写了一篇题为《化学与代数》（西尔维斯特，

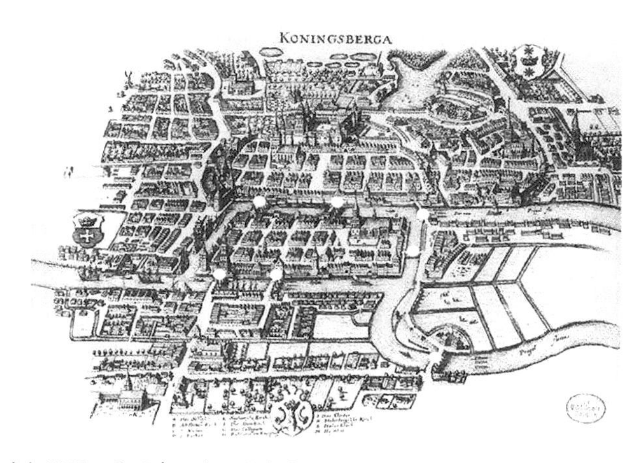

图62　流行问题：是否有可能通过每座桥梁一次且仅通过一次，就走遍整个地区。

1877—1878）的文章，发表在《自然》杂志上。

在大多数文献中，“图形”和“网络”这两个术语是被看作同义词的。我们将“图形”一词保留为抽象的数学概念，仅指那些具有顶点和边的小图形。术语“网络”则用于指代体现现实世界对象的图形，其中“节点”则用于表示系统实体及其互相之间的关系。对社交网络的研究也是目前非常重要的图论应用的一部分。由于网络中成员（用户）数量庞大，对每个成员（用户）的信息分别进行搜索的时间成本极高，而在这种情况下，社交网络“充分存储数据”的优势就变得极为重要。例如，在一个重要的社交网络中，仅墨西哥用户当前就有 4,900 万人（根据《经济学人》2014 年的数据）。如果将这个数字乘以 194——194 约是世界上存在的国家数量——那么，该服务器的信息贮存和搜索功能

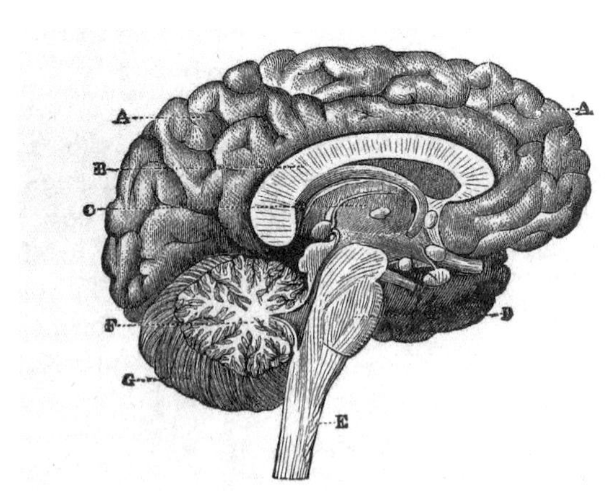

图 63 人脑由 1.2 万亿个神经元组成，每个神经元发育 1,000~10,000 个突触。大脑中的突触总数（大约）为 $1.2\times10^{11}\times3\times10^{3}\approx4\times10^{14}$ 个，至少比银河系中的恒星数目大 1,000 倍。

可能都会出现很大问题。在其他图片分享、信息类社交网络中也会出现同样的现象。

人脑是一个复杂的网络，在由白质纤维束连接的区域中相互作用。观察健康受试者和病患的该网络结构与功能特征表征有助于增进我们对病理生理学、神经学表现和精神病学状况的理解，也使我们可以用新的工具和方法来分析复杂的人脑系统，从而治愈脑部疾病。其中，图论是一种以图的形式描述网络的数学框架，将由节点（即大脑区域）和边缘（即结构组成和功能连接）组成的网络以图的形式表现出来。通过使用图论，人们发现了大脑在正常发育和自然衰老的过程中，其网络拓扑结构会经历几次改变，同时一些功能性和结构性连接也会逐渐断开。该变化与多种神经系统疾病和精神疾病有关，包括痴呆、硬化肌萎缩侧索和精神分裂症。后者也为断路综合征理论作出了贡献。通过脑网络拓扑结构的磁共振研究，人们已发现在多发性硬化症（MS）中，大脑出现了断连的情况。该研究表明，这种情况下，大脑额颞叶区域的结构连通性出现了降低。

* * *

设 G 为顶点为 $\{1, \cdots, n\}$ 的图。我们通常假设该图较为简单，即既没有多重点也没有多重边。我们得到矩阵 $\boldsymbol{A}(G)=(a_{ij})$，大小为 $n\times n$，如果 i 和 j 之间存在边，则 $a_{ij}=1$，反之则为 0。该

矩阵称为 G 的邻接矩阵。

我们将 G 的特征多项式表示为 $\varphi_G(x)$[在不存在混淆的情况下，也可简单设为 $j\varphi(x)$]，其定义为：

$$\varphi(x) = \det[x1_n - \boldsymbol{A}(G)]$$

根为特征值的多项式 $\lambda_1 \cdots \lambda_n$ 邻接矩阵 $\boldsymbol{A(G)}$ 。由于该矩阵是对称的，因此特征值 $\lambda_1 \cdots \lambda_n$ 是实数。我们将始终假设 $\lambda_1 \geq \lambda_2 \geq \cdots \geq \lambda_n$。其中，最高特征值 λ_1 被称为光谱半径，具有许多重要属性：

- 存在一个向量 v_1 对应 λ_1，即，$\boldsymbol{A(G)}v_1 = \lambda_1 v_1$，仅当 j 取正值，即 $j=1, \cdots, n$ 时，$v_1(j) > 0$。
- $d_{\min} = \min\left\{\sum_{j=1}^{n} a_{ij} : i = 1, \cdots, n\right\} \leq \lambda_1 \leq \max\left\{\sum_{j=1}^{n} a_{ij} : i = 1, \cdots, n\right\} = d_{\max}$，

其中极值取顶点的次数 $d_1 = \sum_{j=1}^{n} a_{ij}$

* * *

图的结构和性质与特征值 $\lambda_1 \cdots \lambda_n$ 之间有许多不等关系，例如：

- $\sum_{i=1}^{n} \lambda_i = 0$，因为 tr [$\boldsymbol{A(G)}$]= # lazos=0；
- $\sum_{i=1}^{n} \lambda_i^2 = 2m$，其中 m 是 G 中的边数；

· $\sum_{i=1}^{n} \lambda_i^3 = 6t$，其中 t 是 G 中的三角形数。

给定 G 中的顶点 p, q，我们将 $a_{pq}^{(m)}$定义为 p 和 q 之间长度为 m 的路径数，也就是说，$\boldsymbol{A}(G)^m = [a_{ij}^{(m)}]$。

令 v_j 为与 λ_j 相对的向量，即：$\boldsymbol{A(G)v_1} = \lambda_1 v_1$, 对于 j=1, …, n，则有：

$$a_{pq}^{(m)} = \sum_{j=1}^{n} v_j(p) v_j(q) \lambda_j^m$$

同时我们要记得，对于任何实数，指数

$$e^x = \sum_{m=0}^{\infty} \frac{1}{m!} x^m$$

被明确地定义（即总和收敛）。同样，对于大小为 $n \times n$ 的矩阵 $\boldsymbol{A}$，必须满足：

$$e^{\boldsymbol{A}} = \sum_{m=0}^{\infty} \frac{1}{m!} \boldsymbol{A}^m$$

可以通过哈密顿-凯莱定理轻松地计算出：

$$0 = \varphi(\boldsymbol{A}) = \det(x1_n - \boldsymbol{A})$$

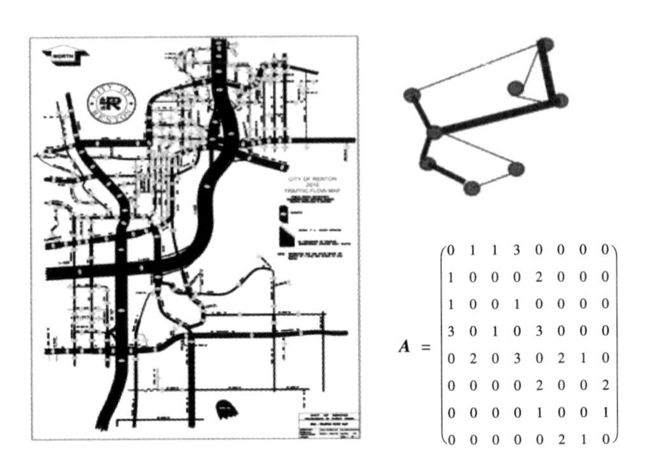

图 64 城市道路：考虑十字路口和过境点的邻接矩阵（根据每个街道上的车道数量衡量）。$\boldsymbol{A}$ 的特征值是方程 $\det(x_{1n}-\boldsymbol{A})=0$ 的根。

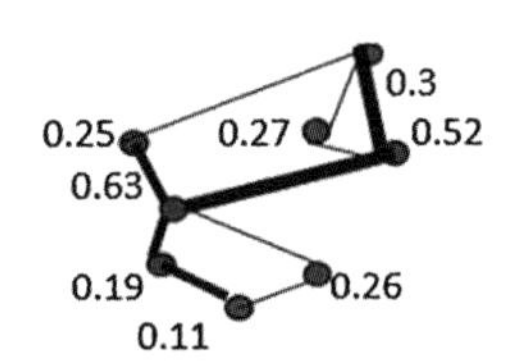

图 65 参考图 64 的矩阵 $\boldsymbol{A}$，可以得到与最大特征值 $\mu=3.88$ 相关的特征向量。对于每个顶点，Φ_i 与任意闭合路径通过 i 的概率成正比。

当 $a^{(m)}$ 与顶点 p，q 无关（独立于顶点 p，q 且所选的数 $m\geq1$），我们认为图 G 是 m-正则图（路径正则）。同时我们要记住，如果图形为无向简单图，则称为正则图。

定理 1（埃斯特拉达-德拉佩尼亚，2014 年）：对于相关图 G 的邻接矩阵。下列条件是等价的：

· G 是正则图；

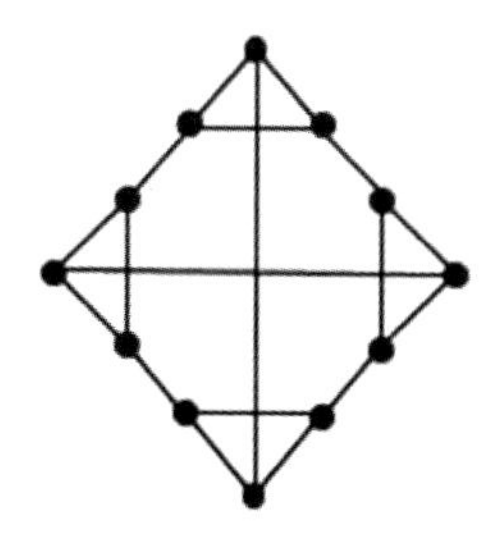

图 66　0 和 2- 正则图，不是 1 或 3- 正则图。

- $\boldsymbol{A}^k$ 的对角线恒定，$0 \leq k \leq n-1$；
- $e^{\boldsymbol{A}}$ 具有恒定的对角线；
- 对于所有 $\beta > 0$，$e^{\beta \boldsymbol{A}}$ 具有恒定的对角线。

* * *

显然，矩阵 $e^{\beta \boldsymbol{A}}$ 通过对最长路径进行惩罚函数计算出所有路径：

$$(e^{\beta \boldsymbol{A}})_H = \sum_{k=0}^{\infty} \frac{\beta^k (\boldsymbol{A}^k)_H}{K!}$$

图的分区函数由 $Z(\beta) = \mathrm{tr}(e^{\beta \boldsymbol{A}})$ 参数定义，称为系统时间。在图上所有闭合路径中的顶点处选择闭合路径的概率为：

$$p_i(\beta) \stackrel{\text{def}}{=} \frac{(e^{\beta \boldsymbol{A}})_i}{Z}$$

香农的路径熵公式为：

$$S^V(G,\beta) \stackrel{\text{def}}{=} -\sum_i p_i h p_i = -\sum_i \frac{(e^{BA})_i}{Z} h \frac{(e^{BA})_i}{Z}$$

$$= -\sum_i \frac{(e^{BA})_i}{Z}[h(e^{BA})_i - hZ]$$

引理 1：具有 n 个顶点的图具有最大熵

$\max S^V(G,\beta) \leq \ln n$

当且仅当 G 是正则的时等号才成立。

* * *

以下结果显示了路径通过顶点的概率的另一种解释：

命题 2：令 $v_1(i)$ 为与频谱半径相关的本征向量的第 i 个输入的值。则 $v_2(i)$ 是当温度趋于极限 0（即 $\beta\to\infty$）时，在 G 的所有弯曲道路之间随机选择一条封闭路径的概率。

我们已经计算了最多 8 个顶点（~12,000 个图）的所有连接图的熵，并发现了其中给定数量的顶点具有最小熵的图。例如，对于 n=8，具有最小熵的图为：

定理 2（埃斯特拉达-德拉佩尼亚，2014 年）：对于图 G 的邻接矩阵。以下陈述之一是正确的：

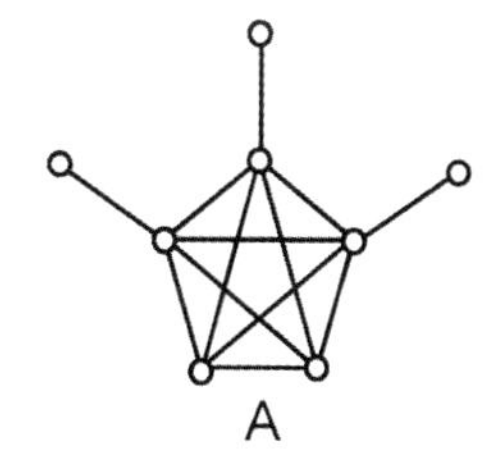

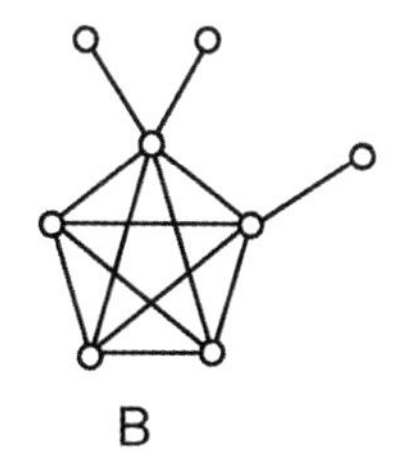

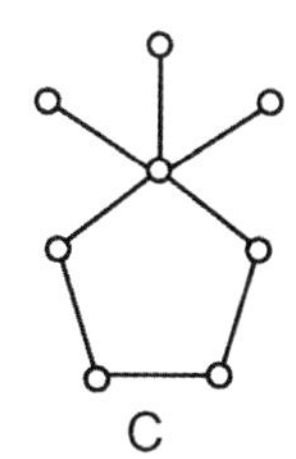

图 67　最小熵图

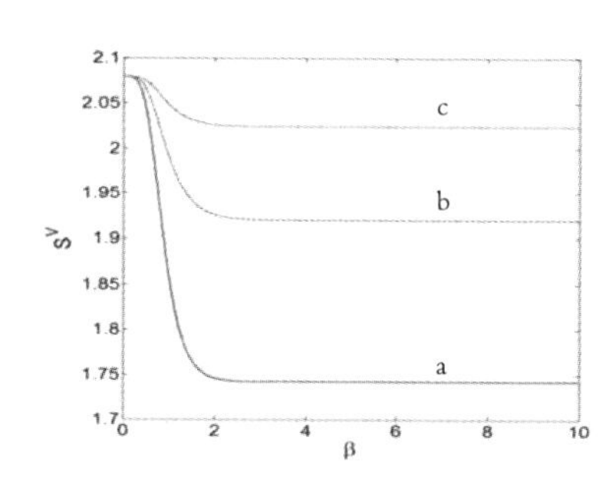

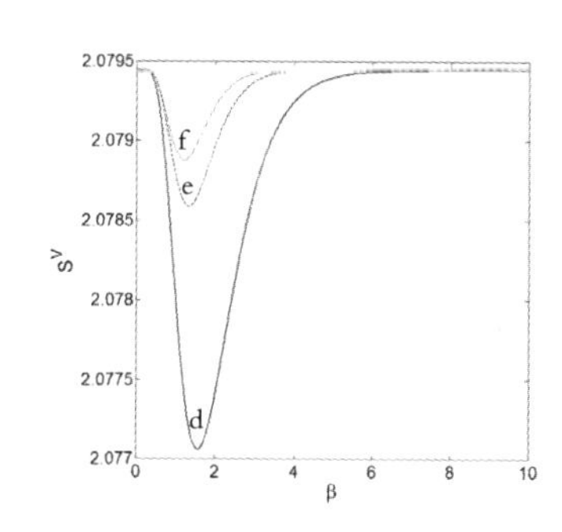

图 68　（左）三个非正则图和（右）三个立方图（3- 正则图）的熵随温度升高而变化。这些图的结构如下所示（A 到 F）。非正则图的熵是：线 a（图 A）、线 b（图 B）和线 c（图 C）；正则图则为线 d（图 D）、线 e（图 E）和线 f（图 F）。

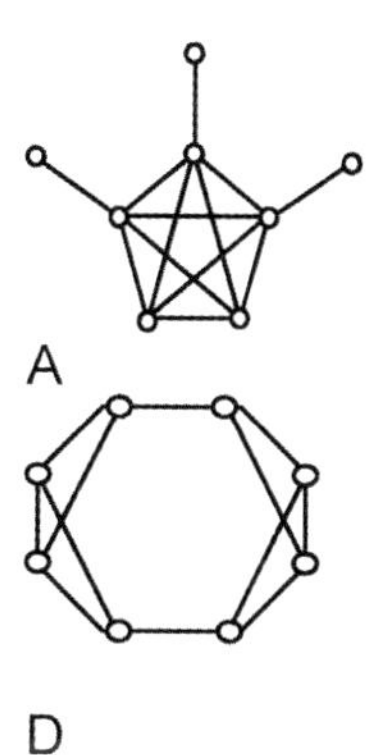

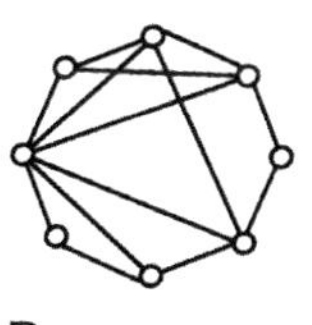

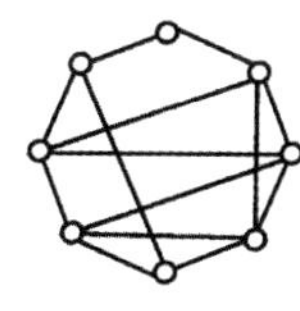

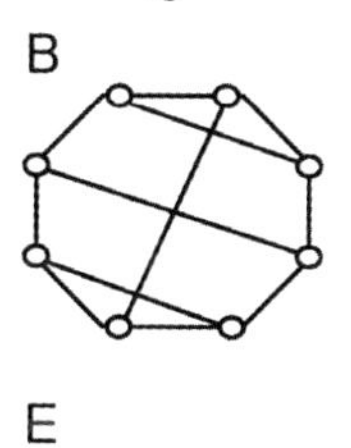

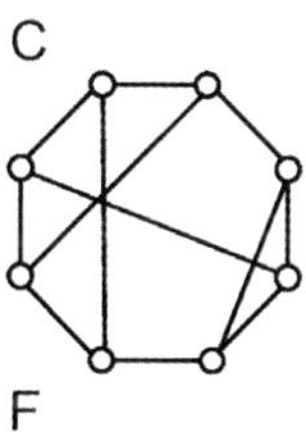

1. G 是正则的，则 $S^V(G,\beta)=\ln n$（对于所有 $\beta>0$）
2. G 为一个图形但不是正则的，则 $S^V(G,\beta)<\ln n$（对于所有 $\beta>0$），且

$$\lim_{\beta\to 0} S^V(G,\beta) = \ln n = \lim_{\beta\to 0} S^V(G,\beta)$$

3. 存在 $\varepsilon>0$，使得 $S^V(G,\beta)\leq \ln n-\varepsilon$（对于所有 $\beta>0$）

博温–吉尔根索恩的熵和不等式

设$\lambda_1 \geq \lambda_2 \geq \cdots \geq \lambda_n$为$\boldsymbol{A}$的特征值，且≥0。对于$e^{\beta \boldsymbol{A}}$的对角向量$y=(y_1, \cdots, y_n)$，在$\beta>0$的情况下，我们定义实数向量$z=\ln y=(\ln y_1, \cdots, \ln y_n)$，得出：

$$\sum_{i=1}^{n} z_i e^{z_i} = \sum_{i=1}^{n} y_i \ln y_i$$

且$\sum_{i=1}^{n} z_i = \ln \prod_{i=1}^{n} y_i \geq \ln \det e^{A} = \ln \prod_{i=1}^{n} e^{\lambda_i} = \sum_{i=1}^{n} \lambda_i \geq 0$

其中，第一个不等式将哈达玛积定理直接应用于正矩阵e^{A}。博温和吉尔根索恩得出了令人惊讶的结果，指出：

$$\frac{c_n}{n} \sum_{i=1}^{n} z_i^2 \leq \sum_{i=1}^{n} z_i e^{z_i}$$

对于$n \geq 5$，当$C_n=2$时，如果$n=2$，3，4，$C_n=e(1-{}^{1}\!/\!_{n})$。

定理2的证明：我们知道对于所有$\beta>0$，$S^{V}(G, \beta) \leq \ln n$，对于$Z(\beta)=\mathrm{tr}(e^{\beta A})$，我们有：

$$S^V(G,\beta) = -\sum_{i=1}^{n} \frac{y_i}{Z}\ln\frac{y_i}{Z}\Big|_\beta = \ln Z - \frac{1}{Z}\sum_{i=1}^{n} y_i \ln y_i\Big|_\beta = \ln Z - \frac{1}{Z}\sum_{i=1}^{n} z_i \mathrm{e} z_i\Big|_\beta$$

根据博温-吉尔根索恩不等式：

$$S^V(G,\beta) \le \ln Z - \frac{1}{Z}\frac{c_n}{n}\sum_{i=1}^{n} z_i^2\Big|_\beta$$

根据算术和几何平均值之间的不等式：

$$Z(\beta) = \mathrm{tr}(\mathrm{e}^{\beta A}) = \sum_{i=1}^{n} y_i\Big|_\beta \ge n\left(\prod_{i=1}^{n}\mathrm{e}^{\lambda_i}\right)\Big|_\beta^{1/n} \ge n(\mathrm{e}^{\beta \mathrm{tr}(A)})^{1/n} \ge 0$$

对于$\beta > 0$，我们分成两种情况讨论：

(1) $\sum_{i=1}^{n} z_i^2\Big|_\beta = 0$，也就是，$y_\mathrm{i}(\beta)=1$ （$i = 1, \cdots, n$），则：

$$Z(\beta) = \mathrm{tr}(\mathrm{e}^{\beta A}) = \sum_{i=1}^{n} y_i(\beta) = n$$

$$S^V(G,\beta) = \frac{n}{Z}\ln Z\Big|_\beta = \ln n$$

特别是，对于任何$\gamma > 0$，根据AM-GM不等式：

$$n = Z(\gamma) = \mathrm{tr}(\mathrm{e}^{\gamma A}) = \sum_{i=1}^{n} \mathrm{e}^{\gamma\lambda_i} \ge n\left(\prod_{i=1}^{n}\mathrm{e}^{\gamma\lambda_i}\right)^{1/n} = n(\mathrm{e}^{\gamma \mathrm{tr}(A)})^{1/n} = n$$

这意味着$\mathrm{e}^{\gamma\lambda\mathrm{i}}$具有恒定值，因此$\lambda_i$也具有恒定值。由于

$\mathrm{tr}(A)=0$，则对于 $i=1,\cdots,n$，

$$\lambda_i=0$$

因此，图 G 是离散的，且对于任何 $\gamma>0$，有 $S^V(G,\beta)=\ln n$。

(2) $\sum_{i=1}^{n} z_i^2>0$，则有微分函数 $C_n\le d_n(\beta)$ 为：

$$S^V(G,\beta)=\ln Z-\frac{1}{Z}\frac{d_n}{n}\sum_{i=1}^{n} z_i^2\bigg|_\beta<\ln n$$

由于 $Z\ge n$，有另一个微分函数 e_n 满足 $0<e_n(\beta)\le d_n(\beta)$，且

$$S^V(G,\beta)=\ln n-\frac{e_n}{n^2}\sum_{i=1}^{n} z_i^2\bigg|_\beta$$

选择任意 $\varepsilon(M)>0$，满足 $e_n(\beta)\ge\varepsilon(M)$，对于所有 $\beta\in[0,M]$，记住有：

$$S^V(G,\beta\to\infty)=-\sum_{i=1}^{n} v_1(i)^2\ln v_1(i)^2$$

极值 $<\ln n$，除非存在共同值 $v_1(i)=c_1$，$i=1,\cdots,n$. 这意味着 G 是正则图。我们区分几种情况：

(3) 假设 G 不是正则的，然后有 $S^V(G,\beta\to\infty)<\ln n$。则有 $\varepsilon>0$，这样对于所有 $\beta\in[0,\infty]$：

$$\frac{e_n}{n^2}\sum_{i=1}^{n} z_i^2\bigg|_\beta\ge\varepsilon$$

即 $S^V(G,\beta) \le \ln n - \varepsilon$。

（4）假设 G 是一个正则图。我们还可以假设它不是路径一正则的。那么对于任何 β 都没有达到最大值 $S^V(G,\beta)=\ln n$，另外：

$$\lim_{\beta \to \infty} S^V(G,\beta) = \ln n = \lim_{\beta \to \infty} S^V(G,\beta)$$

大图形

我们回顾了一些图形索引，这些索引的值在许多实际网络中都是已知的。

令 G 为具有邻接矩阵 $\boldsymbol{A}$ 及其自身值 $\lambda_n \leq \lambda_{(n-1)} \leq \cdots \leq \lambda_1$ 的图，G 的能量定义为：

$$E(G) = \sum_{i=1}^{n} |\lambda_i|$$

特征值的变量为：

$$\operatorname{var}(\boldsymbol{A}) = am(\lambda_i^2 : i = 1, \ldots, n) - am(\lambda_i : i = 1, \ldots, n)^2$$

其中 am 为算数平均数。

命题：(a) $\operatorname{var}(\boldsymbol{A}) = \frac{1}{n}\sum_{i=1}^{n}\lambda_i^2 = 2\frac{m}{n} = 2(n-1)\delta(G)$

(b) $2\sqrt{n-1} \leq E(G) \leq n\sqrt{\operatorname{var}(\boldsymbol{A})}$

其中 $\delta(G)$= 为 G 的密度。

推论：

(a) $\mathrm{var}(\boldsymbol{A}) \le \lambda_1^2 \le d_{\max}^2$

(b) $2\sqrt{n-1} \le E(G) \le nd_{\max}$

如果 $\delta(G) << 1$，则认为 $\boldsymbol{G}$ 是一个稀疏矩阵（英语中是 sparse）。例如，如果从 $\boldsymbol{G}$ 去掉极点 i 得到 $\boldsymbol{G}^{(i)}$ 且 $\delta(\boldsymbol{G}^{(i)}) \le k$，且对于常数 k 和所有的极点 i，那么

$$\delta(G) = \frac{m}{n(n-1)} = \frac{1}{n(n-1)(n-2)}\sum_i m^{(i)} = \frac{1}{n}\sum_i \delta(\boldsymbol{G}^{(i)}) \le k$$

这样一来，如果所有的 $\boldsymbol{G}(i)$ 都是稀疏矩阵，那么 $\boldsymbol{G}$ 也是稀疏的。

* * *

给定图 G 的顶点，y 之间的距离即为 y 之间的最小路径长度。直径定义为

$$\mathrm{diam}(G) = \max\{d(p,q) : p,q\}$$

图中路径 s 的平均长度为：

$$l(G)=\frac{1}{n(n-1)}\sum_{p,q}d(p,q)$$

不变量：

$$W(G)=\frac{1}{2}\sum_{p,q}d(p,q)$$

被称为“维纳指数”，证明 $\frac{n(n-1)}{2}\leq W(G)\leq\frac{n(n^2-1)}{6}$ 。

如果平均道路长度与网络规模相比较小，则可以说该网络满足了小世界的属性。通常情况下，如果 $l(G)\leq\ln n$，则网络可以满足小世界的属性。

命题：令 G 为具有 n 个顶点的图。 我们假定 $G_l,\cdots,G_m$ 是覆盖 G 的归纳子图族。假设这些子图满足 $l(Gi)\leq P_i\ln n_i$ 形式的小世界的条件，其中 n_i 是 G_i 顶点的数目，且 $0<P_i$。如果

$$\frac{1}{m}\sum_{i=1}^{m}p_i\leq 1$$

那么 G 满足了小世界的条件 $l(G)\leq\ln n$。

* * *

假设图 G 极点数量为 n，交点数量为 m。已知：

$$\sqrt{n^2+4m} \leq \mathrm{tr}(\mathrm{e}^{\boldsymbol{A}(G)}) \leq (n-1)+e^{\sqrt{2m}}$$

推论：令 G 为密度为 δ 的图，则：

- $E(G) \leq \sqrt{2\sigma} n^{\frac{3}{2}}$
- $n \leq \mathrm{tr}(\mathrm{e}^{\boldsymbol{A}(G)}) \leq n-1+e^{\sqrt{2\sigma n}}$

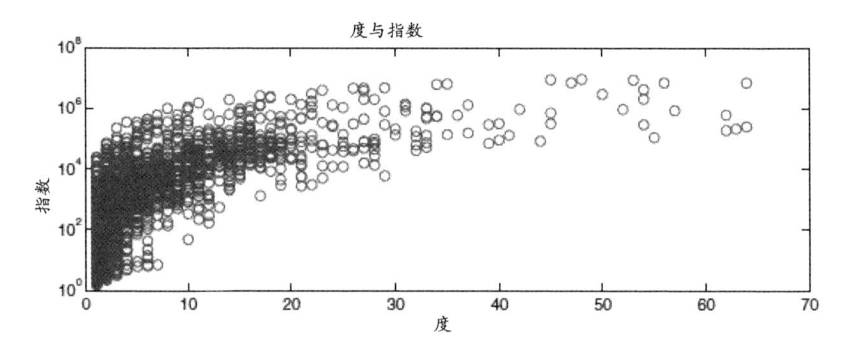

图 69 该图比较了与蛋白质相互作用过程相关的图的顶点度

设有图 G，且 $\boldsymbol{A}=A(G)$ 为其邻接矩阵。考虑 $\boldsymbol{A}$ 的特征向量与 v_j 对应于 λ_j 的特征向量，即 $A_{vj}=\lambda_j v_j$，$j=1,\cdots,n$，因此

- $a_{pq}^{(m)} = \sum_{j=1}^{n} v_j(p) v_j(q) \lambda_j^m$
- $(\mathrm{e}^{\beta \boldsymbol{A}})_{ii} = \sum_{j=1}^{n} v_j(i)^2 \mathrm{e}^{\beta \lambda_j}$

设有 $Z(\beta)=\mathrm{tr}(\mathrm{e}^{\beta A})$。使用 λ_1 唯一最大特征值，我们得到：

$$\lim_{\beta\to\infty}\frac{(e^{\beta A})_{ii}}{Z(\beta)}=\frac{v_1(i)^2}{\sum_{j=1}^{n}v_1(j)^2}$$

即，对于高温 β 我们可以假设：

$$e^{\beta A}=r(\beta)v_1+\boldsymbol{a}$$

其中 $r(\beta)$ 为常数，a 为向量。

熵和蛋白质

众所周知，时间是系统整体熵增加的方向。

——我的高中老师

与熵有关的微观数量是系统中分配分子不同方式的相对概率。我们可以用气体的自由膨胀来说明这一点。设其初始状态和最终状态为：i）分子占据了容器的一半；这是一个不太可能的状态；ii）分子占据整个容器；这是一个极有可能的状态。

玻尔兹曼在1877年提出了熵与系统微观状态的多重性之间的以下关系：

在初始状态 $S_{\mathrm{i}} = 0$，在最终状态 $S_{\mathrm{f}} = kN \ln 2$。熵和微观状态的多重性之间的关系更为普遍。

$$S = k \ln P$$

也有人说，熵的增加是对整体无序性增加的一种度量。因

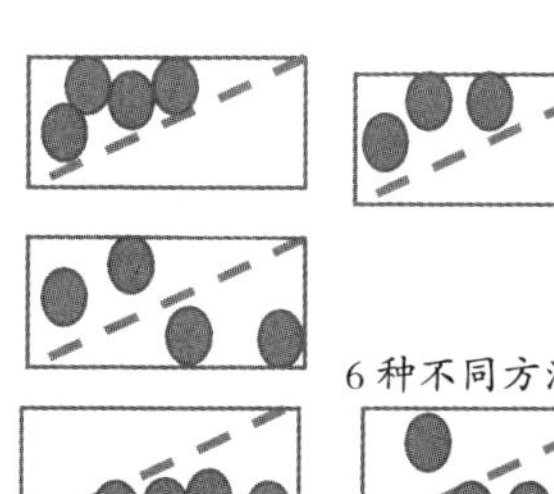
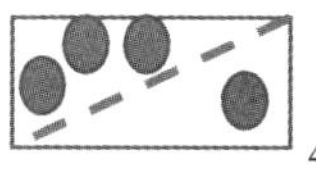

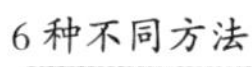

图 70　图为在一个“分裂”容器中将 4 个球一分为二的 16 种方式。在这些可能的状态中，存在有两种不太可能的可能性：球全部在右侧或全部在左侧中。从概率学上说，我们确实有可能处于这两种状态中的任何一种。现在，有 6 种分子分布更均匀的可能状态，即每个隔室中有 2 个分子。对于这种可能情况来说，处于这些微状态中任何一个的概率为 3/8，而处于其他状态的可能性则均较小。如果现在我们将分子数量加到 10 个，则可能的状态数将变为 210。在这些状态中，所有分子都聚集在左侧或右侧的相对概率为 1/1024，而两侧各有 5 个的相对概率为 252/1024。对于自由膨胀和熵的增加，我们通常可以从微观上将其视为从极低概率状态到另一高概率状态的转换。对于 N 个分子，均分的概率为 $P=N!/\left(\frac{N}{2}\right)!\left(\frac{N}{2}\right)!$，通过斯特林方法得到 $P\approx 2^N$。

此，熵是一种对无序性的度量。无序与 P 定量相关。自然过程倾向于增加宇宙的熵或无序性。

* * *

让我们回顾一下与蛋白质结构有关的一些相关事实。

蛋白质的一级结构是指多肽链中氨基酸的线性序列。当我们说到蛋白质时，使用“氨基酸残基”一词是因为形成肽键时会丢失水分子，因此蛋白质由氨基酸残基组成。例如，胰岛素由两条链中的 51 个氨基酸组成：一条链具有 31 个氨基酸，另一条链具有 20 个氨基酸。蛋白质的序列是唯一的，且该序列定义了蛋白质的结构和功能。

人体中有 10,000 多种不同的蛋白质（由 20 种氨基酸的不同排列组成）。

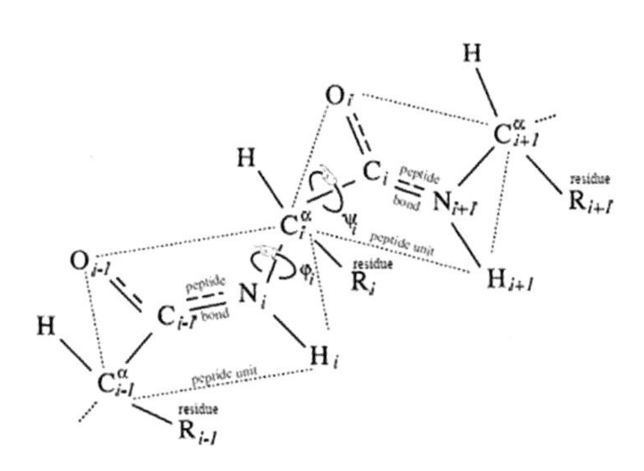

图 71 任意肽单元都处在一个平面上。构象角为 120º，在每个 α－碳

$$N—C^{\alpha}—C—N—C^{\alpha}—...C—N—C^{\alpha}—C$$

多肽的一级结构是脊柱中从 N 到 C 的残基序列，其中包含一个到数千个氨基酸。

除了脊柱结构外，我们在蛋白质中发现了更高水平的亚结构。

二级结构：蛋白质内折叠或卷曲的区域；例如 α 螺旋和褶皱板，通过与氢结合形成。

三级结构：蛋白质确定的三维结构，由氨基酸之间的大量非共价相互作用生成。

四级结构：将多个多肽结合为单个较大蛋白的非共价相互作用。

当两个氨基酸接近时，通过形成水分子（丢失），形成了更长的肽链（两个分子的主链融合在一起）。 这些肽的构象角可以如下计算：

引理。我们考虑构象角为 φ 和 ψ 的两个肽单元。拍摄下一个肽段的三帧图，剩下的列不变。

$$A = B(\varphi)c(\varphi+\psi)\begin{pmatrix} -\frac{1}{2} & \frac{\sqrt{3}}{2} & 0 \\ \frac{\sqrt{3}}{2} & \frac{1}{2} & 0 \\ 0 & 0 & -1 \end{pmatrix}$$

其中

$$B(\varphi) = \begin{pmatrix} \frac{2}{3}-\frac{c_1^2}{3}+\frac{s_1^2}{6} & -2\left[\frac{s_1^2}{4\sqrt{3}}+\frac{\sqrt{2}c_1}{3}\right] & 2\left[\frac{s_1}{3\sqrt{2}}+\frac{c_1 s_1}{2\sqrt{3}}\right] \\ 2\left[\frac{\sqrt{2}c_1}{3}-\frac{s_1^2}{4\sqrt{3}}\right] & \frac{2}{3}-\frac{c_1^2}{3}+\frac{s_1^2}{6} & -2\left[\frac{s_1}{\sqrt{6}}+\frac{c_1 s_1}{6}\right] \\ 2\left[\frac{s_1}{3\sqrt{2}}+\frac{c_1 s_1}{2\sqrt{3}}\right] & 2\left[\frac{s_1}{\sqrt{6}}-\frac{c_1 s_1}{6}\right] & \frac{2}{3}+\frac{c_1^2}{3}-\frac{s_1^2}{6} \end{pmatrix}$$

$c_1 = \cos\varphi$，$s_1 = \sin\varphi$

$$c(\varphi+\psi) = \begin{pmatrix} 1-\frac{3}{2}S_2^2 & \frac{\sqrt{3}}{2}S_2^2 & \sqrt{3}C_2S_2 \\ \frac{\sqrt{3}}{2}S_2^2 & 1-\frac{3}{2}S_2^2 & -C_2S_2 \\ -\sqrt{3}C_2S_2 & C_2S_2 & 1-\frac{3}{2}S_2^2 \end{pmatrix}$$

$$C_2 = \cos\frac{\varphi+\psi}{2}, S_2 = \sin\frac{\varphi+\psi}{2}$$

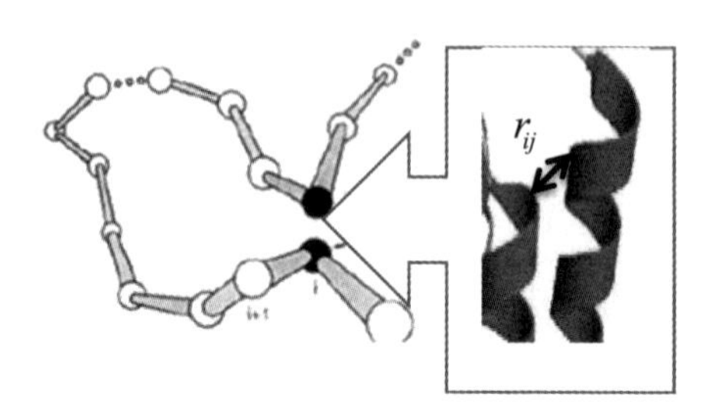

图 72 如果残基之间的距离小于临界距离，则残留的蛋白质网络具有顶点残基和边缘 i–j。

形成的残留蛋白质网络的切割距离约为 7.0A。文德鲁斯科洛等人（2002 年）用 50~1,021 个氨基酸研究了 978 种 PDB 结构。他们发现平均而言，最小距离 = 4.1。 巴格勒和辛哈（2005 年）研究了 80 种具有 73~2,359 个氨基酸的蛋白质，发现平均距离为 6.88。这些观察结果可以用来表明在这些情况下，小世界的属性可以实现。

* * *

当两个或多个蛋白质相聚以完成其生物学功能时，蛋白质之间就会发生相互作用。细胞的许多最重要的分子过程（例如，DNA 复制）都是由大型分子机器完成的。该机器由较小的蛋白质多次相互作用形成的蛋白质组成。

生物过程的蛋白质相互作用网络（PIN）是如图 72 形式的图形：

- 节点是参与该过程的所有蛋白质；
- 如果相应的蛋白质相互作用，则两个节点由一条边连接。

酿酒酵母（*Saccharomyces cerevisiae*）的图谱（PIN）由布等人编辑。计算出 5,400 种蛋白质之间的 8 万种相互作用。观察到以下特征：

- 网络稀疏，密度高。
- $\delta(G)=\frac{m}{n(n-1)}\leqslant 1$。
- 在许多情况下，$\delta(G)\sim 5/n$。
- 大多数情况下，平均道路长度 $\bar{l}$ 取 2 到 9 之间的值。网络满足 $\bar{l}\sim \ln n$ 的小世界的性质。
- 光谱半径满足 $3\leqslant\lambda_1\leqslant 65$

另一方面，在讨论分子之间的相互作用时，我们需要区分短程力和长程力，以及局部力和非局部力。在第一种情况下，范围是由对距离的依赖来定义的：如果 $p\leqslant 3$（例如，静电力），能量与距离 r 的幂 r^{-p} 成正比；如果 $p>3$（例如，伦纳德·琼斯的吸引力和排斥力），则成反比。通过蛋白质在肽链中的位置定义相互作用的位置，如图 73 所示：

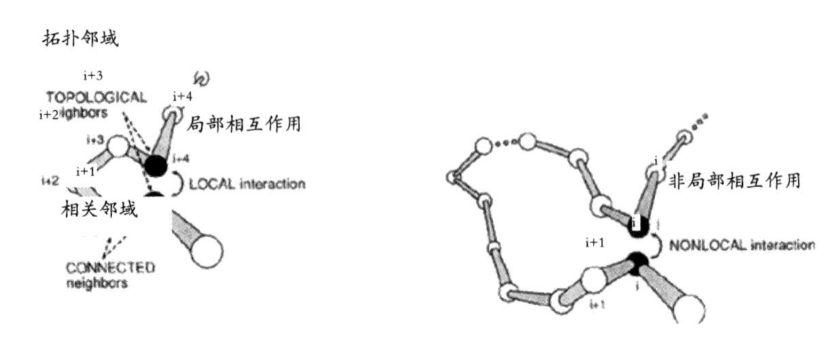

图 73　多肽链中的局部相互作用和非局部相互作用

肽链所受的某些作用力倾向于折叠，而另一些则不然。在评估涉及吉布斯自由能时，不仅应观察系统，还应观察周围环境。例如，系统的吉布斯能量随折叠而增加，但是蛋白质周围则相反，疏水部分处于未折叠状态，暴露于水环境中，形成水化球，随后将其“埋”在蛋白质内部。随着蛋白质的折叠，对水的需求减少，球体被弹出。换句话说，虽然系统（蛋白质）的熵减少，但是周围的熵增加到更高的水平，从而导致（宇宙的）熵整体增加。

实际上，以下结果表明，在普遍的条件下，蛋白质的进一步折叠会降低系统（而非宇宙）的熵。

定理（德拉佩尼亚，2014 年）：令 $\boldsymbol{A}=(a_{ij})$ 为图 G 的邻接矩阵（分别为 $\boldsymbol{A}'=(a'_{ij})$ G' 的邻接矩阵）。两个图都有 n 个顶点。假设对于 $(i, j) \neq (n-1, n)$，$a_{ij}=a'_{ij}$。此外，G 中的 $a_{n-1,n}=0$，G' 中的 $a'_{n-1,n}=1$。我们假设以下假设之一适用于矩阵 e^{A} 的对角线条目 y_i：

· (a) y_{n-1}, $y_n \geq \frac{1}{n}Z$，其中 $Z=\sum_{i=1}^{n}y_i$ 是 G 的能量；

· (b) y_{n-1}, $y_n \geq \frac{1}{2}e^{\lambda_n}$，其中 $e^A=Ve^DV^{tr}$，V 是正交矩阵，$D=\mathrm{diag}(\lambda_1, \cdots, \lambda_n)$ 是由 G 的特征值形成的对角矩阵。

所以有：$S^V(G',1)<S^V(G,1)$。

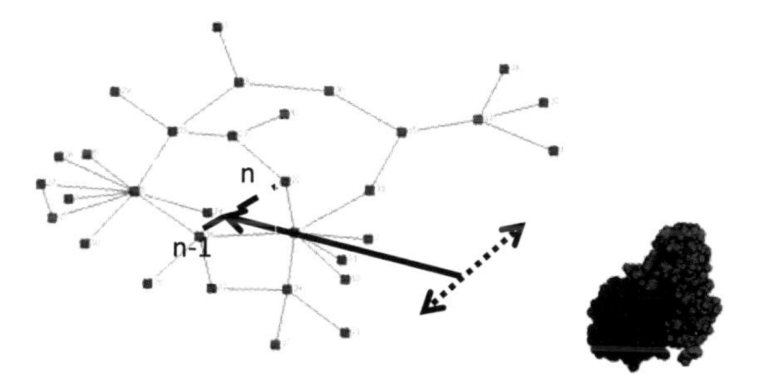

图 74　古细菌 – 硫细菌（Archeoglobus Fulgidus）PIN 图形。标记为 $n-1$ 和 n 的节点之间可能的交互作用决定了边的存在（或不存在）。从无边图到有边图的转变意味着熵的降低。

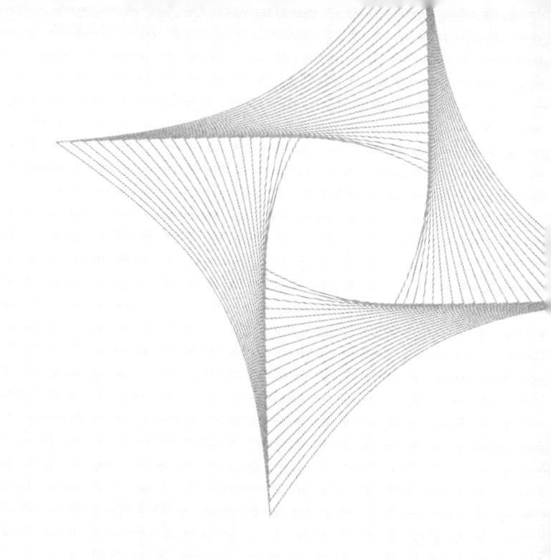

第九章

时间之箭是不可逆转的吗？

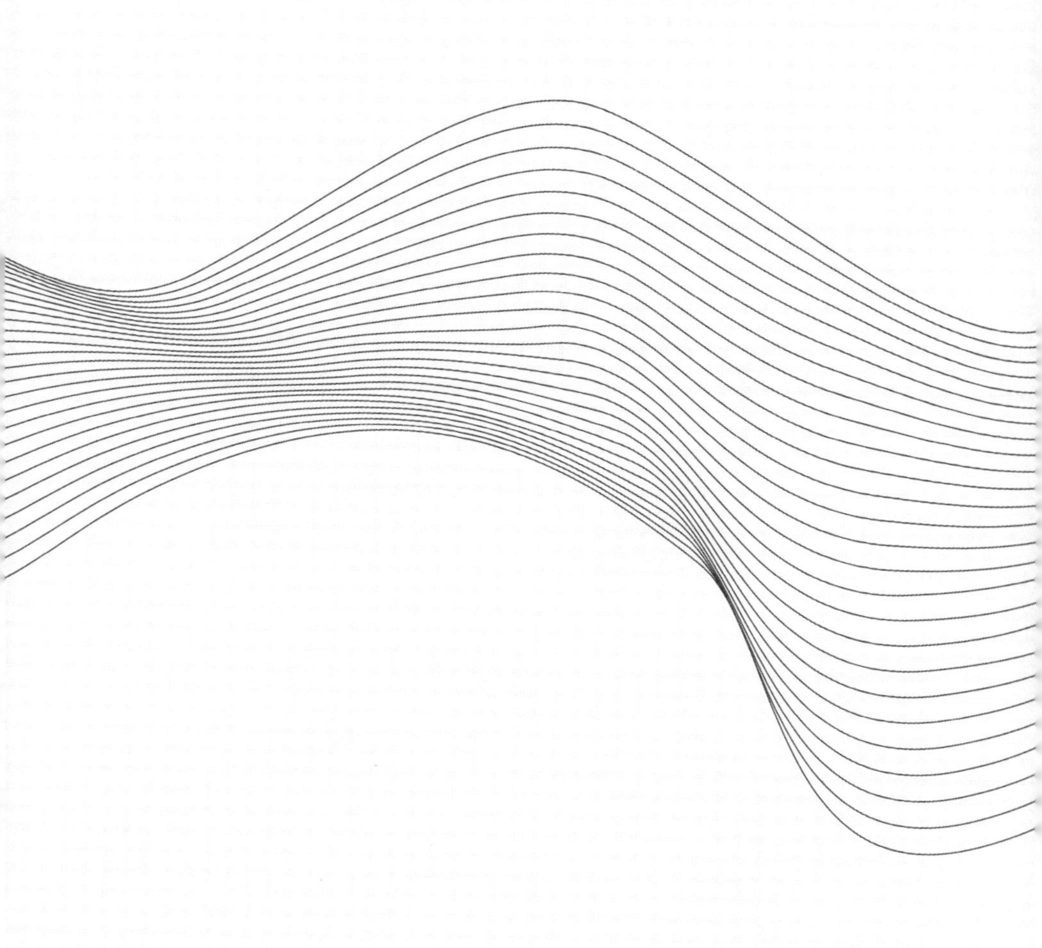

我们的大脑可以轻松地将过去、未来与现在区分开。“时间之箭”的概念指的是时间流逝的方向：从过去流向未来，经过现在。时间最重要的特征之一就是不可逆性，该特征阻止了时间往箭头所指示的反方向前进。我们观察到，无法改变的过去与尚不确定的未来之间有明显的区别，两者是不对称的。而有些人则认为这种区别不过是一种幻觉，是由于我们无法感知某些现象而引起的。他们认为过去与未来的方向可以相互颠倒。

1927 年，英国天文学家亚瑟·爱丁顿创造了“时间之箭”一词，用于区分三维相对论宇宙中的时间方向。1928 年，爱丁顿出版了一本书，名为《物理世界的本质》，其中多次使用了“时间之箭”这个词。在书中，作者写道：

让我们随便画一个箭头。如果遵循它的路线会使我们在宇宙中找到更多随机元素的话，则箭头指向未来；相反，如果随机元素减少，则箭头将指向过去。这是其在物理学上的唯一区别。因此，我们的主要论点为：随机性的引入是唯一一个无法撤销的事实。我用“时间之箭”一词来描述时间的这种单向属性。

物理学的数学定律对于时间上向前或向后的事件同样有效。然而在现实世界中，热咖啡和冷牛奶一旦搅拌在一起，就不可能再分开了。最近，意大利物理学家洛伦佐·麦克孔在《物理评论快报》上发表了文章，对物理定律的对称性和时间箭头之间的这种明显冲突提供了新的解释。从量子物理学的角度看，增加宇宙熵的事件会在其所处环境中留下记录。同时研究人员提出，“倒退”的事件，即熵的减少，无法留下任何已经发生的痕迹——相当于没有发生。从热力学上讲，把两个温度不等的物体连接在一起时，它们之间会发生能量流动，直到两个物体温度相等为止。随着这种热扩散，宇宙的熵增加了。

一名实验者阿莉西亚测量了她的朋友鲍勃发送的原子的自旋状态。其间，鲍勃与阿莉西亚的实验室完全隔离，原子处于自旋向上或自旋向下的组合（重叠）状态，直到阿莉西亚对其进行测量（并确定其自旋为向上或向下）。从阿莉西亚的角度看，她的实验室从外界获得了一点点信息，且她已经将该信息复制并记录在她的电脑内存和计算机硬盘中。据阿莉西亚称，从原子到实验室的信息流增加了熵。麦克孔认为，由于鲍勃无法看到结果，因此从他的角度看，原子自旋的状态从未确定。

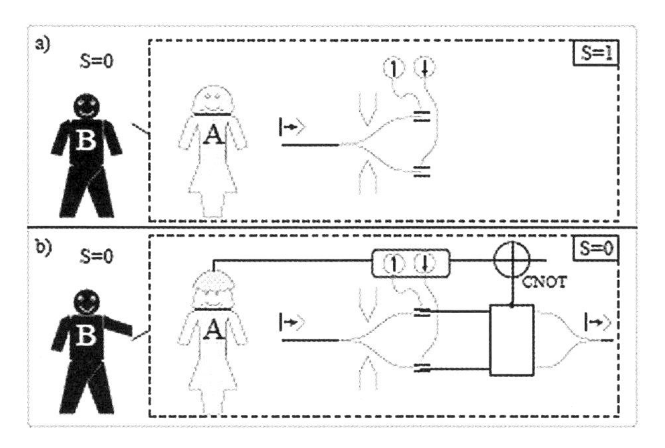

图 75　在图 a）中，阿莉西亚对鲍勃发出的原子的自旋进行测量。该测量会为阿莉西亚（而不是鲍勃）创建一些信息。在图 b）中，鲍勃“取消”爱丽丝的测量，取消映射爱丽丝实验室记录下自旋测量结果的所有自由度。（来源：《时间之箭难题的量子解》，麦克孔）

因此，鲍勃与实验室的量子状态在数量上相关或“纠缠”。他看不到信息流动，也看不到熵的变化。鲍勃扮演着麦克斯韦的恶魔的角色：他完全控制了实验室的量子状态。为了从阿莉西亚的角度减少实验室的熵，鲍勃反转了信息流。

麦克孔写道，这种过程的倒置并不违反任何量子物理学定律。实际上，从鲍勃的角度看，阿莉西亚的原子和实验室（作为一个系统结合在一起）的量子信息是相同的，无论它们是否纠缠在一起，从外面看熵都没有变化。麦克孔认为，这样的逆过程如果可能发生在现实生活中，则会是因为宇宙（如例子中的阿莉西亚）没有保留对这个事件的记忆。这些过程不会影响我们感知世界的方式。麦克孔的文章在数学上证明了这种推理在一般情况下如何适用（把例子中的阿莉西亚换成宇宙即可）。

第十章

真　相

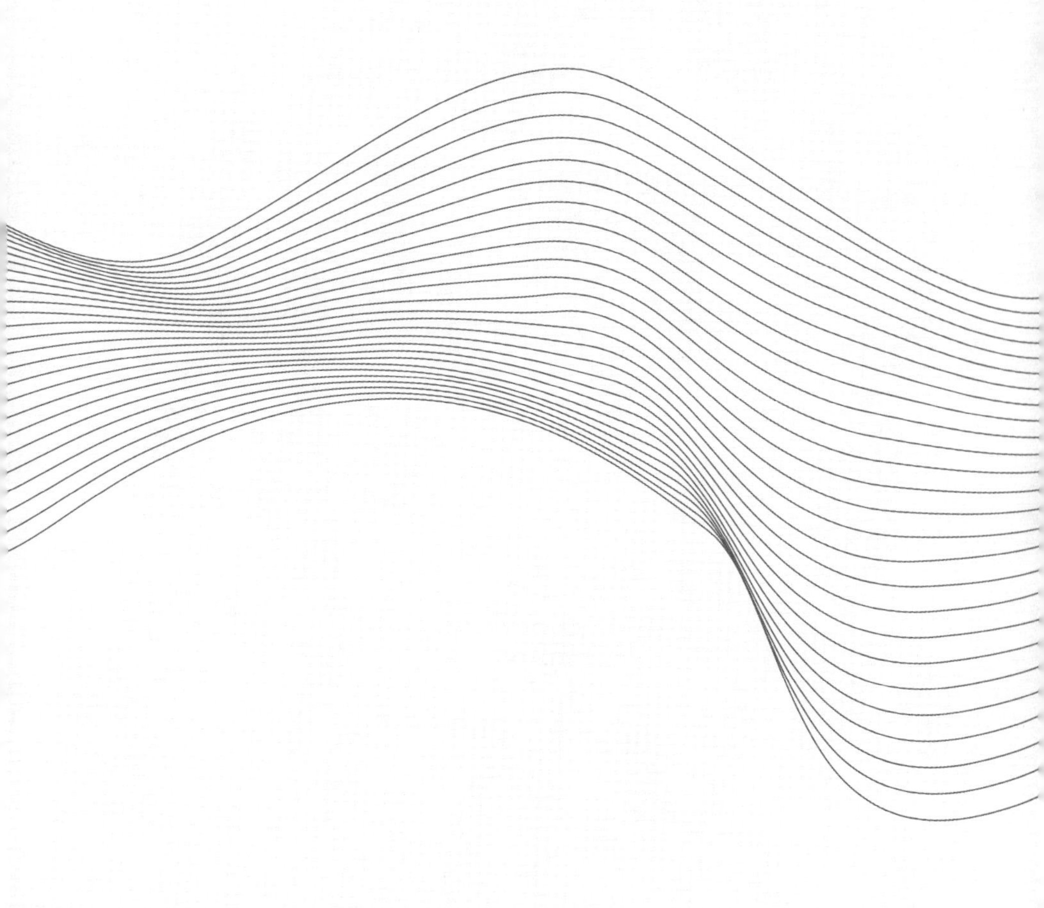

我所召唤的真理是科学的谦虚真理，

是相对的、零散的、暂时的真理，

是经过修饰、改正，经历后悔，

符合我们认知范围的真理。

相反，我怀疑并憎恨“真相”，

绝对的、大写的真相，

是一切宗派主义、狂热主义和罪行的基础。

——让·罗斯坦德

德国哲学家弗里德里希·尼采[①] 对科学真理的反思如下：

正确来说，在科学王国中，“信条”是没有公民权的：只有当其同意将自己降为适度的假设、实验性和临时性观点或监管手段时，才具有公民权。“信条”可以被准许进入科学王国中，甚至可以赋予它们一定重要性，但这一切需要另一个条件：将这些“信条”置于警方的监视之下，也就是置于众所周知的不信任感之下。除此之外，这是否意味着当信条不再是一种信条时，它就可以获准进入科学王国？它会在某一刻衍生出现在尚不具备的科学精神纪律吗？有可能。但是与此同时，我们必须确定为了能够开始这样的科学纪律，人们必须具备某种信条——绝对的、令人信服、迫使其他所有人为此牺牲的信条。事实证明，科学也基于信条产生

① 《快乐的科学》第五册。

的，而有条件的科学则并不存在。我们不仅必须对真理是否必要这一问题做出肯定的回答，而且必须要建构在原则、信仰和信念之上进行回答，要明确除了真理之外，无须别的东西——所有其他事情都是次要的。

总会有学生渴望继续学习数学。有些人受到激励，希望从事一些需要用到数学知识的职业；另外一些人只是喜欢学习数学，并被数学知识所提供的专业可能性激发灵感。对于其他人来说，数学这门学科对于文学技能的不做要求可能是一个补充吸引力。在这种情况下，毫无疑问，数学学科将像20世纪一样在学校中蓬勃发展。

然而近年来，在许多国家中，大众教育——尤其是中学教育——的发展出现了新的问题。数学在所有儿童教育中起着根本性的作用，这一点不是很明显的吗？

一个奇怪的悖论是，我们的世界在被越来越多的数学术语定义的同时，也正变得越来越不那么数学化。在个人知识水平上，我们生活中所需要的数学知识远远少于我们的父母和祖父母，产品也越来越多地用标准化容器包装。

当加满汽车油箱时，我们无须计算升或加仑数，因为供应商将直接记录价格。

“做账”变得越来越不重要。现在我们只需知道在每种特定情况下要执行什么操作，能够估计（近似）结果，并知道如何使用机器来执行该结果就可以了。

另一方面，离开数学，现代世界的许多进步就不可能实现，我们也不会拥有桥梁、大楼这样的建筑。我们的经济生活也同样受到数学的控制，从媒体在其商业和工业报告中使用的大量数字和数据便可以明显看出这一点。

尽管我们在学校进行数学教学，其目的并不是要学生们踏上成为航空工程或计算机技术博士的漫长道路。学习数学的重点不是开发技术（超过最低生命水平），而是了解数学如何增加我们理解、控制和丰富我们所处世界的能力。

从这种意义上讲，我们希望本书的读者能够发现，在许多问题中，数学作为实用工具、推理基础和真理指南是颇有用处的。如果读者能够发现这一点，我们也算是为数学做出了贡献。这就是我对“如何为数学做出贡献”这个问题的回答。在mathoverflow.net 网上，人们关于科学家在其学科和社会中的作用展开了一场辩论，并提出了这个问题。针对该问题，威廉·瑟斯顿[1]回答：

> 您不需对数学做出贡献。由此延伸出来的另一个问题是：如果您献身数学，您要如何为人类甚至世界的福祉做出贡献？

①威廉·瑟斯顿（1946—2012）是一位美国数学家。他是几何拓扑领域的先驱。1982年，国际数学联盟授予他菲尔兹奖章。

从严格意义上讲，这个问题没有答案。因为我们行动所产生的影响可能远远超出我们的理解。我们是社会和本能的动物，因此我们的大部分福祉都取决于难以从智力上解释的事物。这也就是为什么听从自己的内心和激情是一件好事——仅遵循纯粹的理性会使我们迷失，没有人拥有足够的聪明才智来仅仅依靠智力理解世界。

数学结果将我们引向清晰和理解。我们不需要孤立的定理。以一些著名结果为例，比如“费马大定理”或“庞加莱猜想”，是否有使其相关的原因？

定理的真正重要性不在于它们的具体陈述，而在于它们在背离我们的理解中所扮演的角色。定理提出的难题最终会发展数学，并增进我们的知识。

这个世界上现有的清晰和理解还远远不到过量（温和地说）。通常情况下，了解如何使用某些数学方法使世界变得更好（无论这个“更好”意味着什么）是一件非常困难的事。但我们需要承认，从整体上讲，数学非常重要。

我相信数学是心理学的重要组成部分，因为二者都完全取决于人类的思想。非人性化的数学就像是计算机代码，是非常不同的。数学思想（或所有思想）很难从一个人的大脑转移到另一人的大脑中。因此，数学知识不会仅仅只在一个方向上扩展，而我们的理解也常常会出错。有几种明显的信息丢失机制，例如，研究某个主题的专家退出该领域或逝世了，又或者只是改变了研究主题而忘记了之前的内容。数学通常以具体符号的形式进行解释和记录，而一旦产生了交流，这些内容就会变得易于理解。将概念转换为符号和具体的含义比反向的转换要简单得多。并且在许多情况下，符号形式可以代替理解的概念形式。此外，一些数学惯例和知识也发生了变化，因此较早时期的文本可能现在看来会有些很难理解。

数学仅存在于传播知识并为新旧思想注入生命的数学家社区之中。简而言之，数学带来的真正满足感是向他人学习并与他人分享。我们每个人都对一部分事情有着确切的了解，而对另外许多事情一无所知。世界上还未被我们了解的想法不计其数。相比之下，谁会是第一个在下一平方米的土地上留下领土记号的人实在无关紧要。革命性的变化很重要，但是革命极少出现，又极难自我维持。一场革命极大地依赖于我们所说的数学家社区。

恶作剧：纳粹科学家开发了时间机器

正如戏剧《哥本哈根》中（或在乔治·沃尔皮的墨西哥小说《寻找克林索尔》中所报道的）所呈现的那样，纳粹试图发展原子弹并失败的历史是众所周知的。然而，如果纳粹当时赢得了军备竞赛，将会发生什么？

我们还会在这里吗？

我想在 1945 年，让许多科学家从事泵生产工作要比尝试建造一台时光机（看起来似乎很有吸引力，似乎很可行）更加实际和现实。因此，认为纳粹本有可能“支配时间”并建造一台可以运送自身的机器的想法，并不只是偏执狂或疯子出于恐惧的胡思乱想（实际上，有传说纳粹精英部队被运送到了 2145 年）。出于预防起见，我确实想过赶在那天到来之前先选择去世。

附录 1　气云的牛顿动力学

假设存在一个有限大小的云，但其维度比我们在宇宙中可以观察到的任何距离都大得多，且假设云是均匀的。如果我们处于云中心部分的参考系统（我们假设它代表可观测的宇宙），那么云的同质性条件将意味着宇宙的各向同性条件也得到满足。均匀性和各向同性的这种条件被称为宇宙学原理，且被大多数宇宙模型采用。宇宙学原理确保宇宙中没有特权观察者。从任何角度观察宇宙，在各个方向上看起来都是相同的。

为了合理地满足各向同性条件，我们将采用维数云，使其中心部分是可观测宇宙的大小。宇宙的同质性对大规模的运动施加了限制，只允许存在均匀的膨胀或收缩，即宇宙尺度的变化。如果我们用某个原点的云中点的矢量位置来表示，在给定时间 t_0 的情况下，该点在任何时间 t 的位置矢量都可以写成：

$$\vec{r} = R(t)\,\vec{r_0}$$

其中 $R(t)$ 是时间 t 处宇宙的比例因子，使 $R(t_0)=r_0=1$，该点的速度将为：

$$\vec{\vartheta} = \frac{\dot{R}}{R}\vec{r}$$

也就是哈勃定律（扩展速度与距离成比例）。于是我们看到：

$$H(t) = \frac{\dot{R}(t)}{R(t)}$$

其中 $H(t)$ 是时刻 t 的哈勃“常数”。显然，哈勃常数是时间函数。如果我们以 $t=t_0$ 表示当前时刻，记住 $R(t_0)= R_0=1$，则有：

$$H(t_0) = H_0 = \dot{R}(t_0) = 71(km \cdot seg^{-1} \cdot Mpc^{-1})$$

现在让我们看一下云的动态。 我们将以云中心作为起点进行描述。如果我们考虑质量“*m*”，距云中心的距离为“*r*”，那么它会被原点和半径为“*r*”的中心球体中的物质所吸引。该球体外部包含的物质不会影响点守质量网，它会以相同的强度向各个方向发出请求。

根据牛顿第二定律，我们可以写出：

$$m\ddot{\vec{r}} = -\frac{G \cdot m \cdot M(r)}{r^3} \cdot \vec{r}$$

其中：

$$M(r) = \frac{4}{3}\pi r^3 \rho$$

$$\ddot{\vec{r}} = \frac{\ddot{R}}{R}\vec{r}$$

结合上面两个方程式，牛顿第二定律可以变为以下式：

$$\frac{\ddot{R}}{R} + \frac{4}{3}\pi G\rho = 0$$

该方程式在使用时可简化为：

$$\frac{\rho(t)}{\rho(t_0)} = \frac{R^3(t_0)}{R^3(t)}$$

而 $R(t_0)=R_0=1$ 且 $\rho(t_0)=0$，于是：

$$\rho_0 = \rho R^3$$

有了这个条件，R 的方程则变为：

$$R^2\ddot{R} + \frac{4\pi}{3}G\rho_0 = 0$$

整合得到：

$$\dot{R}^2 = \frac{8\pi G\rho_0}{3R} - k$$

其中包含一个整合的常数。该方程式与能量守恒定律类型相同。参数 k 的值将完全定义宇宙的类型。我们可以分为以下三种情况：

i）k=0。在这种情况下，云可以扩展到末端，但是当 $\dot{R} \to 0$ 时，$R \to 0$ 对得到的方程求积分：

$$R = (6\pi G\rho)^{1/3}. t^{2/3}$$

比例因子 R 与 $t^{2/3}$ 成正比。这个宇宙模型被称为爱因斯坦德西特模型。

ii）k>0。在这种情况下，云是重力链接的。宇宙不能扩展到超出最大规模的因子，因为方程的第二个元素不能为负，因为它与一个定义为正的量相等。当 $\dot{R}$=0 时，云的半径达到最大，结果为：

$$R_{max} = \frac{8\pi}{3}\frac{G\rho_0}{k}$$

在这种情况下，宇宙是封闭的、振荡的。$R(t)$ 曲线是一个摆线。

iii）k<0。在这种情况下，云将不会受到重力束缚，代表一个开放的宇宙。R 不受任何限制。R 点的方程式无法像以前那样通过解析积分。但是，我们可以观察到它们在 R 的极值下的结果：

a) $R \ll 1$ $(t \ll t_0)$ $R(t)$ 与 $t^{2/3}$ 成比例；

b) $R \gg 1$ ($t \gg t$) $R(t)$ 与 t 成比例。

宇宙常数（讨论）：如果均匀分布，可以以星系团形式检测到的物质数量表示宇宙的平均密度为：ρ 星系−10^{-30} gr · cm^{-3}。

因此，如果我们在宇宙中所看到的就是存在的一切，那么我们可以说宇宙是开放的。但是，众所周知，在我们的星系和其他星系中以及星系团内部都存在大量暗物质。暗物质与可见物质的比是十比一。因此，我们不能根据观察结果进行分类说明宇宙是开放的。

最近，在 1998 年，对于遥远的超新星进行研究以直接测量宇宙的缩减得到了令人惊讶的结果：宇宙似乎正在加速发展。这导致我们不得不重新考虑爱因斯坦关于存在一个非零常数 Λ，且它是我们观察到的加速度的原因的命题。

密度与临界密度之比定义为参数 Ω。如果在这种情况下 Ω=1，那么我们处于等于 q=0.5 的临界宇宙中。为了包含参数 Ω，将参数 Ω 分解为称为 ΩM 的物质和 lambda 表达式 $\Omega\Lambda$，使得 ΩT=ΩM+$\Omega\Lambda$。

超新星，宇宙背景辐射（CMB）和星系团表明 $\Omega\Lambda$=0.74 以及 ΩM=0.3，ΩT =1。对于遥远的超新星（到红移 z−1 为止）的研究表示 Ω=1，但是在 ΩM=0.26，$\Omega\Lambda$=0.74 的条件下。这表明宇宙正好具有其所需的能量，即具有全局的欧几里得几何形状。然而，宇宙中只有 26%的能量与物质有关，另外 74%的能量是与真空有关的暗能量。由于只有15%的物质可见，剩下的85%是暗物质，这意味着我们看到了宇宙能量的4%，还有暗物质的22%和暗能量的74%。

附录2　虫洞的拓扑学

虫洞的拓扑学定义并不直观。据说在一个时空的紧凑区域中，当从拓扑学角度看其边界集极小时，就会出现一个虫洞，但是它的内部并不是简单地连接在一起的。将这个想法形式化可以得出以下定义，这些定义来自马特·韦瑟尔的洛伦兹虫洞：

> 如果洛伦兹时空包含一个紧致区域Ω，并且Ω的拓扑结构形式为$\Omega \sim Rx\Sigma$，则其中Σ是3变量非平凡拓扑，其边界具有$d\Sigma \sim S^2$形式的拓扑，此外如果超曲面Σ是类空间的，那么区域Ω包含一个准永久的普遍性虫洞。

描述宇宙间虫洞更加困难。例如，我们可以想象一个新生的宇宙通过狭窄的肚脐连接到它的母体。肚脐可以被认为是虫洞的喉咙，通过它连接时空。

有关虫洞度量的理论描述了虫洞的时空几何形状，并被用作时间传播的理论模型。穿越型虫洞度量的一个简单示例如下：

$$\mathrm{d}s^2 = -c^2dt^2 + dl^2 + (k^2 + l^2)(d\theta^2 + \sin^2\theta d\phi^2)$$

史瓦西解决方案是一种针对非穿越型虫洞的度量标准：

$$\mathrm{d}s^2 = -\left(1 - \frac{2GM}{c^2r}\right)\mathrm{d}t^2 + \frac{\mathrm{d}r^2}{1 - \frac{2GM}{c^2r}} + r^2(d\theta^2 + \sin^2\theta d\phi^2)$$

从理论上讲，虫洞可以用于进行时间旅行。只要加速虫洞的一端，并让另一端保持相对静止，这一点就可以实现。对于外部观察者来说，相对论的时间膨胀会导致虫洞端口加速老化（时间流逝更快），而运动的端口的老化速度则比静止口慢得多。这与我们在孪生悖论中观察到的情况十分相似。然而，在虫洞内部的时间流逝与外部也是不同的。因此，无论端口怎样移动，对于每个处在虫洞中的人来说，其时钟都将保持同步。这意味着，如果有足够的时间膨胀，则通过虫洞的加速“嘴”进入虫洞的任何东西都有可能在其进入虫洞之前的某个时间通过静止“嘴”离开。

但是，从运动中的观察者本人的角度看，他处于静止状态，且不会认为自己的时间流逝更慢。实际上，对于正在移动的该观察者而言，他将认为处于静止状态的观察者在迅速老化（时间流逝更快）。只有在出现了非惯性参考系的情况下，两个观察者进行会面，才会出现二者对其中一个观察者时间流逝更慢达成共识的情况。

如果我们假设观察者以光速的90%的速度乘太空飞船离开，那么对于处在地球上的观察者来说，从地球上看来这段时间（出于简化的目的，我们在此忽略重力引申的时间效应）大约是飞船上的2.3倍。也就是说，即使以如此高的速度前进，我们在通往未来的旅程中也只会节省大概1/2的时间而已。为了使有趣的未来之旅成为现实，我们需要让这艘飞船以相当快的速度行驶。

图76　在双胞胎悖论中，两兄弟会在未来相见，但走的路不同，其中一个乘坐的飞船高速飞行，因此他的衰老过程将会减慢。尽管相对于另一个观察者，一个观察者所测量的自己的时间会更少，并且效果的大小由观察者的运动速度（v）和光速（c）决定。（来源：《概念物理学》第10版，保罗·休伊特，2007年）

$$\Delta\bar{t} = \gamma\Delta t = \frac{\Delta t_0}{\sqrt{1 - v^2/c^2}}$$

要进行通往未来的旅行，我们只需要（必须）使行驶速度更接近光速。我们的飞船在从地球出发、最后返回地球的轨道上高速行驶，是一台通往未来的时光机器。只要它具有提高行驶速度的能力，就可以在旅行者毫不变老的情况下，把他带向未来任何一个时间点。

参考文献

编写过程中曾参考，但不一定明确提到。

数学教材

- F. Harary. *Graph Theory*. Addison Wessley (1967).
- D. Cvetkovic, M. Doob and H. Sachs. *Spectra of Graphs*. Theory and Applications. Academic Press. New York, San Francisco (1980).
- N. Biggs. *Algebraic Graph Theory*. Cambridge University Press, Cambridge, (1993).
- C.D. Godsil. *Algebraic Combinatorics*. Chapman and Hall (1993)
- E. Estrada, *The Structure of Complex Networks. Theory and Applications*, Oxford University Press, UK (2011).
- J. Ramsden, *Bioinformatics. An introduction*. Computational. Biology. Springer (2004).

数学类

- Euclídes. *Los Elementos* [1]. (300 a.C. aprox.)

1 Los *Elementos* es considerado uno de los libros de texto más divulgado en la historia y el segundo en número de ediciones publicadas después de la Biblia (más de 1000).

- S. Banach et A. Tarski (1924). *«Sur la décomposition des ensembles de points en parties respectivement congruentes»*. Fundamenta Mathematicae 6: 244-277.
- M. Benzi, *A note on walk entropies in graphs*, Linear Algebra Appl. 445 (2014) 395-399.
- J. Borwein, R. Girgensohn, *A class of exponential inequalities.* http://docserver.carma.newcastle.edu.au/148/2/01_174-Borwein-Girgensohn.pdf.
- M. Dehmer and A. Mowshowitz. *A history of graph entropy measures. Inform. Sci.* 181 (2011) 57-78.
- E. Estrada, J.A. de la Peña, N. Hatano, Walk entropies in graphs, Linear Algebra Appl. 443 (2014) 235-244.
- E. Estrada, J.A. de la Peña. Maximum walk-entropy implies walk regularity. Linear Alg. Appl. 458 (2014), 542-547.
- Gutman, J.A. de la Peña, J. Rada, Estimating the Estrada index, Linear Algebra Appl. 427 (2007) 70-76.

物理类

- A. Finkelstein and O. Ptitsyn. *Protein Physics.* Academic Press (2002).

生物化学类

- K. Dill. *Dominant forces in protein folding.* Biochemestry 29 no. 31(1990).
- P. Kollman et al. *Calculating Structures and Free Energies of Complex Molecules: Combining Molecular Mechanics and Continuum Models.* Acc. Chem. Res. 2000, 33, 889-897.
- Science technologies. *Essential Biochemestry.* Wiley (2004).

生物信息学类

- T. Aittokallio & B. Schwikowski. *Graph-based methodsfor analyzing networks in cell biology*. Briefings Bioinformatics, 7, 243-255(2006).
- L. Barabási & N.Z. Oltvai. *Network biology: understanding the cell»s functional organization*. Nature Reviews. Genetics 5, 101-113 (2004).
- A. Patil, K. Kinoshita & H. Nakamura. *Hub Promiscuity* in *Protein-Protein Interaction Networks*. International Journal of Molecular Sciences 11, 1930-1951.
- L. Barabási & R. Albert. *Emergence of scaling in random networks*. Science, 286, 509-512 (1999).
- R. Vallabhajosyula, D. Chakravarti, S. Lutfeali, A. Ray & A. Raval. *Identifying Hubs in Protein Interaction Networks*. PLoS ONE 4, (2009).
- M. Vendruscolo, N. V. Dokholyan, E. Paci, and M. Karplus. 2002. *Small-world view of the amino acids that play a key role in protein folding*. Phys. Rev. E 65:061910
- G. Bagler, S. Sinha. *Network properties of protein structures*. Physica A: Statistical Mechanics and its Applications (2005).

心理学类

- T. Suddendorf and G. Corballis. *Mental time travel and the evolution of the human mind*. Genet Soc. Gen. Psychol. Monogr. (1997) 123 (2):133-167.
- T. Suddendorf and J. Busby. *Mental time travel in animals?* Trends in Cognitive Sciences vol. 7 (2003).
- C. Pittendrigh and V. Bruce: *An oscillator model for biological clocks*. Princeton Univ. Press (1957).
- C.W. Coleman. *Wide awake at 3 am. By Choice or by chance?* Grandin Road (2009).

文学与电影类（依序引用）

- *El Señor de los Anillos.* (título original en inglés: *The Lord of the Rings*) J.R.R. Tolkien (U.K. 1954-1955).
- *The development of mathematics.* E.T. Bell. Dover (1940).
- *Nueva refutación del tiempo.* J. L. Borges. En *Otras inquisiciones* (Argentina, 1952).
- *Historia del tiempo.* S. Hawking. Editorial Crítica (1982).
- *Almagesto.* C. Ptolomeo (aprox. 200 d. C.) Almagesto es el nombre árabe de un tratado astronómico escrito en el siglo II por Claudio Ptolomeo de Alejandría, Egipto. Contiene el catálogo estelar más completo de la antigüedad que fue utilizado ampliamente por los árabes y luego los europeos hasta la alta Edad media, y en el que se describen el sistema geocéntrico y el movimiento aparente de las estrellas y los planetas. Primera publicación moderna (1984).
- *De revolutionibus orbium coelestium.* N. Copérnico (Nürenberg, 1543).
- *Tractatus de la Sphera.* J. Sacrobosco (1230). En este libro, Sacrobosco describe los defectos del entonces usado calendario juliano, y tres siglos antes de su implementación, recomienda una solución semejante al uso del calendario gregoriano.
- *De l»infinito universo et mondi.* G. Bruno (London, 1584).
- *Philosophiae Naturalis Principia Mathematica.* I. Newton (London, 1686).
- *Flatland.* E. Abbott (1884).
- Imágenes matemáticas de la cuarta dimensión. Jean Painlevé. (Francia, 1937).
- *Transcendental Physics.* An Account of Experimental Investigations From the Scientific Treatises of Johann Carl Friedrich Zöllner (London, 1880).
- *What is time? The classic account of the nature of time.* G. J. Whitrow (Oxford, 2004).
- *Relativity and the problem of space.* A. Einstein (1952, publicado en inglés 1954).

- *A través del Espejo* (1865). L.Carroll[1].
- *La bibioteca de Babel* (cuento). J.L. Borges (Argentina, 1941).
- La tercera parte de la Noche. (Trzecia czesc nocy). A. Zulawski. (Polonia, 1971)
- *Pensamientos sobre la verdadera estimación de las fuerzas vivas (Gedanken von der wahren Schätzung der lebendigen Kräfte und Beurteilung der Beweise derer sich Herr von Leibniz und anderer Mechaniker in dieser Streitsache bedient haben) (1746),* Immanuel Kant.
- Möbius. G. Mosquera. (Argentina, 1995).
- *Lecciones Geometricae.* I. Barrow (1669).
- *Ensayo sobre el conocimiento y el entendimiento humano.* J. Locke (1690).
- *Apocalypsis Now.* F. Ford Coppola (1979).
- *La velocidad de la luz.* J. Cercas (España, 1995).
- Cronos, la invención del tiempo. G. del Toro (1992).
- *What is life?* E. Schrodinger (1944).
- Algarabía. Revista México (2014).
- Regreso al futuro. R. Zemeckis (1985-1990).
- *Le voyageur imprudent.* R. Bejaral: (1943).
- The time travaler»s wife. Basada en el libro por Audrey Niffenegger (2003). La película está dirigida por Robert Schwentke.
- 2001, a Space Oddesey. Stanley Kubrik (1968).
- *Así habló Zaratustra.* F. Nietsche (1885).
- La Jetée. Chris Marker (1962)
- *El hombre que confundía a su mujer con un sombrero.* O. Sacks. Ed. Muchnick (1987).
- *La máquina del tiempo.* H.G. Wells (1895).
- La máquina del tiempo. G. Pal. (1960).
- *La invención de Morel.* Adolfo Bioy Casares (1940).
- El año pasado en Marienbad. Alan Resnais (1961).

---

1 Charles Lutwidge Dodgson (1832-1898), más conocido por su seudónimo Lewis Carroll, fue un diácono anglicano, lógico, matemático, fotógrafo y escritor británico. Sus obras más conocidas son Alicia en el país de las maravillas y su continuación, Alicia a través del espejo.

- *The Origin of species*. Ch. Darwin (1859).
- *El Gen egoísta*. R. Dawkins (1976).
- *Adaptation and Natural Selection*. G. Williams. (1966).
- *Teología natural*. W. Paley. (1902)
- I Origins. Michael Cahill (2014).
- Coherence. James W. Byrkit (2013).
- *Hermann von Helmholtz and the foundations of Nineteenth century Science*. Los Ángeles: University of California Press, 1994.
- *Funes el memorioso*. J.L. Borges (1941).
- *En busca de Klingsor*. Jorge Volpi (México 2000).
- *1001 películas que hay que ver antes de morir*. Grijalvo (2006). Coord. Steven J. Schneider.

著作版权合同登记号：01－2020－4091

图书在版编目（CIP）数据

时间旅行简史：从科幻小说到量子物理 /（墨）何塞 · 安东尼奥 · 德拉佩纳著；冯景译 . — 北京：新星出版社，2021.6

ISBN 978－7－5133－4391－6

Ⅰ . ①时… Ⅱ . ①何… ②冯… Ⅲ . ①物理学－普及读物 Ⅳ . ① O4－49

中国版本图书馆 CIP 数据核字（2021）第 054371 号

时间旅行简史：从科幻小说到量子物理

［墨］何塞 · 安东尼奥 · 德拉佩纳 著；冯景 译

出版策划：黄　艳
责任编辑：杨　猛
责任校对：刘　义
责任印制：李珊珊
封面设计：宋　涛

出版发行：新星出版社
出 版 人：马汝军
社　　址：北京市西城区车公庄大街丙3号楼　　100044
网　　址：www.newstarpress.com
电　　话：010-88310888
传　　真：010-65270449
法律顾问：北京市岳成律师事务所

读者服务：010-88310811　　service@newstarpress.com
邮购地址：北京市西城区车公庄大街丙3号楼　　100044

印　　刷：北京美图印务有限公司
开　　本：660mm × 970mm　　1/16
印　　张：15.5
字　　数：160千字
版　　次：2021年6月第一版　　2021年6月第一次印刷
书　　号：ISBN 978－7－5133－4391－6
定　　价：49.00元